KB028375

명랑쌤의 비법 밑반찬으로
집밥을 더 맛있게, 편하게 준비해볼까요?

레시피팩토리는 행복 레시피를
만드는 감성 공작소입니다.
레시피팩토리는 모호함으로 가득한
세상 속에서 당신의 작은 행복을 위한
간결한 레시피가 되겠습니다.

집밥이 편해지는

명랑쌤 비법 밑반찬

20년 경험을 담은 제 비법 레시피로
요리가 즐겁고 집밥 준비가 더 편해지기를 바랍니다

20년 가까이 요리를 배우고 쿠킹 클래스를 진행했습니다.
그동안 쌓인 이러한 경험을 바탕으로 요리의 비법과 즐거움을 더 많은 분들과 나누고 싶어
〈집밥이 편해지는 명랑쌤 비법 밑반찬〉을 만들게 되었습니다.

요리의 가장 중요한 가치는 신선한 제철 재료로 정성껏 음식을 만들어
가족이 모인 식사 자리에 행복을 전하는 것이라고 생각합니다.
구하기 힘든 특수한 고가의 재료나 양념은 없어도 됩니다.
그래서 저는 이 책에서 가족이 둘러앉아 먹는 집밥에서 빼놓을 수 없는 반찬,
그중 밑반찬을 소박한 재료와 양념으로 더욱더 맛있게 만드는 법을 소개했습니다.

레시피들은 그대로 따라 하면 실패하지 않도록 최대한 정확하게,
또 자세하게 적었습니다. 인공적인 화학조미료 대신 재료가 가진 자연의 감칠맛을
살리는 데 신경 썼습니다. 이 책에서 사용한 재료는 대부분 마트나 시장에서
쉽게 구할 수 있는 것들입니다. 원한다면 몇몇 재료들은 다른 것들로 대체해도 됩니다.
취향에 따라 양념을 자유롭게 가감해 나만의 맛을 만들어도 좋습니다.
하지만 여건이 된다면 책 속 레시피 그대로 따라 해볼 것을 권합니다.
밑반찬을 냉장 보관해도 처음 만든 맛을 잘 유지할 수 있는 비법이 모두 담겨 있기 때문이지요.

일주일에 하루, 책에서 소개해드린 밑반찬 몇 가지를 만들어 냉장고에 넣어둔다면
삼시 세끼 집밥을 차리는 것은 물론 도시락 준비까지도 훨씬 더 편해질 겁니다.

요리의 기본은 배려하는 마음이라고 생각합니다.
내가 만든 음식을 맛볼 누군가를 생각하며 요리를 시작해보세요.
〈집밥이 편해지는 명랑쌤 비법 밑반찬〉이라면
일상적인 재료로 실패 없이 요리해 부족함 없는 집밥을 준비할 수 있을 겁니다.
부디 이 책이 요리를 어려워하는 분들에게 멋진 도전이 되기를 바라봅니다.

2020년 4월 —————————————————————— 명랑쌤 이혜원

"〈집밥이 편해지는 명랑쌤 비법 밑반찬〉과 함께
쉽게 구할 수 있는 재료와 양념으로 즐겁게 요리하고 맛있는 식탁을 차리세요"

Contents

**기본
가이드**

Contents

볶음

조림

⌇ 데워 먹으면 더 맛있는 밑반찬
본 아이콘이 있는 메뉴는 따뜻하면 풍미가 더 좋아지는 밑반찬이에요.
그릇에 덜어 전자레인지에서 1~2분간 데운후 골고루 섞어 맛보는 것을 추천합니다.

절임

무침

밑반찬을 더 맛있게 만들기 위한
기본 가이드

언제 만들어도 한결같은 맛을 내기 위한 계량과 불세기 조절법부터 밑반찬에 많이 쓰이는
식재료와 양념들, 끝까지 맛있게 먹을 수 있는 똑똑한 밑반찬 보관 요령까지 싹 정리했습니다.

명랑쌤이 알려주는 밑반찬 기본 비법

제철 재료로 만드세요.

제철 재료는 그 계절에 가장
맛있고 영양가도 높아요.
그리고 신선하기 때문에 반찬으로
만들어 놓고 냉장 보관하면
맛이 잘 변하지 않는답니다.

다양한 장으로 간을 맞춰요.

소금만 넣지 말고 장류 또는 액젓을
섞으세요. 볶음과 조림에는 간장,
참치액, 무침과 생채, 김치에는
국간장, 참치액, 액젓 조합이
좋아요. 고춧가루와 고추장을
섞으면 맛이 풍부해집니다.

잡내는 미리 없애주세요.

기름 두르지 않은 팬에 볶기,
다진 생강이나 소주 넣기,
쌀뜨물에 담가두기, 데치기 등
재료에 따라 방법은 다양해요.
재료에 맞는 방법을 적어두었으니
생략하지 말고 꼭 지켜 주세요.

불세기를 준수하세요.

볶음, 조림 등 조리법에 따라
불세기가 조금씩 달라져요.
볶음은 센 불에서, 조림은 처음에는
센 불로 끓이다가 약한 불로 줄여야
양념 맛이 재료에 쏙 배요.

요리하기 전 알아두세요!

▎계량도구로 계량하기

1컵 = 200㎖

1작은술 = 5㎖

1큰술 = 15㎖

1큰술(15㎖)
= 1/2큰술 × 2
= 1작은술 × 3
= 밥숟가락 수북이 가득

1컵(200㎖)
= 종이컵 가득

재료	간장, 포도씨유 등 액체나 기름 재료	소금, 설탕 등 가루 재료	고추장, 된장 등 되직한 재료	콩, 견과류 등 알갱이 재료
계량컵	평평한 곳에 올린 후 가장자리가 넘치지 않을 정도로 담아요.	누르지 않고 가볍게 담은 후 윗부분을 평평하게 깎아요.	빈 공간이 없도록 가득 담은 후 윗부분을 평평하게 깎아요.	꾹꾹 눌러 가득 담은 후 윗부분을 깎아요.
계량스푼	가장자리가 넘치지 않을 정도로 담아요.			

[계량스푼으로 1/2큰술, 1/2작은술 계량하기]

가루나 되직한 재료
1큰술 또는 1작은술을 담은 후 사진과 같이 한쪽으로 밀어 원하는 양만큼만 남깁니다.

액체나 기름 재료
대부분의 계량스푼은 가운데에 선이 있어요. 이는 1/2분량을 나타내지요. 선의 기준으로 조정하세요.

손대중량·눈대중량으로 계량하기

부추·쪽파 1줌(50g)

달래 1줌(50g)

시금치 1줌(50g)

마늘종 1줌(100g)

열무 1줌(100g)

숙주·콩나물 1줌(50g)

느타리버섯 1줌(50g)

미니 새송이버섯 1컵(70g)

[다진 채소 양 체크하기] 다진 채소 1큰술을 만들기 위해 원재료가 얼마나 필요한지 알아두면 요리할 때 편해요.

대파 5cm(흰 부분, 10g)
= 다진 파 1큰술

마늘 2쪽(10g)
= 다진 마늘 1큰술

생강 2톨(마늘 크기 기준, 10g)
= 다진 생강 1큰술

양파 1/20개(10g)
= 다진 양파 1큰술

불세기 조절하기

가스레인지를 기준으로 불꽃과 냄비(팬) 바닥 사이의 간격을 기준으로 조절해요. 단, 집집마다 종류나 화력이 다를 수 있으니 레시피에 적힌 상태를 보며 불세기를 조절하세요.

불꽃과 냄비(팬) 사이의 간격이 중요해요.

센 불 불꽃이 냄비 바닥까지 충분히 닿는 정도
중간 불 불꽃과 냄비 바닥 사이에 0.5cm 가량의 틈이 있는 정도
중약 불 약한 불과 중간 불의 사이
약한 불 불꽃과 냄비 바닥 사이에 1cm 가량의 틈이 있는 정도

인분수 조절하기

재료 원하는 분량에 비례하여 양을 줄이거나, 늘리세요.

양념 원하는 분량에 비례하여 양념, 물의 양을 조절하면 싱겁거나 짤 수 있어요. 조리도구에 묻는 양념 양이나 불 조리시 증발되는 수분량이 거의 비슷하기 때문이지요.

반으로 줄일 때는 양념을 반으로 줄인 것보다 조금 더 넣어야 싱겁지 않고 간이 맞아요.
늘릴 때는 양념을 늘린 것보다 조금 덜 넣어야 짜지 않고 간이 맞지요. 단, 양념 종류에 따라 차이가 있으니 반드시 맛을 보며 조절하세요. 양념에 물이 들어가는 조림 밑반찬도 같은 원리로 분량을 조절하면 돼요.

불세기와 조리시간 분량이 줄거나 늘어도 불세기는 동일하게 적용하되, 조리시간만큼은 줄거나 늘어난 분량에 따라 상태를 보며 조절하세요.

밑반찬에 많이 쓰이는 다양한 재료들

건어물

보관 기간이 길어 밑반찬에 많이 쓰이는 대표 식재료. 건어물은 잘 말라있고 묵은 냄새가 나지 않는 것을 고르세요.
포장 제품을 구입한다면 밀봉이 잘 되어있는 가장 최근의 것이 좋아요. 지퍼백(또는 밀폐용기)에 넣어 냉동실 문 쪽에 보관합니다.

멸치, 잔멸치 ——— 등푸른 생선인 멸치를 쪄서 말린 것. 잔멸치는
전체가 뽀얀 것, 중간·굵은 멸치는 등이 암청색, 복부는 은백색인
것을 고른다. 검붉은 것, 눅눅한 것, 비늘이 벗겨진 것은 피한다.

황태 ——— 겨울바람에 명태가 얼었다 녹기를 20번 이상 반복하며
건조한 것. 통으로 파는 황태포와 살만 찢어놓은 황태채가 있다.
살짝 누런색을 띠고 윤기나는 것을 고른다. 붉은색이 도는 것은
피한다. 황태포는 가장자리 살이 도톰하게 올라온 것이 좋다.

건새우 ——— 새우를 쪄서 말린 것. 머리 부분을 떼어내고 손질한
두절 꽃새우를 가장 많이 쓴다. 연한 분홍색을 띠고 윤기가 나는 것을
고른다. 만졌을 때 눅눅하지 않고 부서지지 않은 것이 좋다.

쥐포 ——— 쥐치 생선살을 양념하여 숙성한 후 여러 마리 이어 붙여
모양을 잡아 건조한 것. 살이 도톰하고 단단한 것을 고른다.

진미채(오징어채) ——— 오징어를 양념해 건조한 후 잘게 자른 것.
붉은색을 띠는 것은 껍질째로 가공하여 쫄깃하고, 하얀색을
띠는 것은 껍질을 제거하고 가공해 부드럽다. 누런색을 띠는 것,
바스러질 정도로 말라있는 것, 비린내 나는 것은 피한다.

꼴뚜기 ——— 꼴뚜기를 삶은 후 건조한 것으로 겉의 하얀 가루는
염분이다. 통통하고 모양이 반듯한 것, 색이 탁하지 않은 것이 좋다.

뱅어포 ——— '베도라치' 또는 '흰베도라치'라는 생선의 새끼를
여러 마리 이어 붙여 말려서 가공한 것. 멸치, 새우보다
칼슘 함량이 높다. 뽀얗게 흰색을 띠고 너무 얇지 않은 것을 고른다.
누렇게 변색되거나 냄새를 맡았을 때 비린내가 심한 것은 피한다.

• 건어물 잡내 없애기
1) 멸치, 건새우, 뱅어포 : 넓은 접시에 펼쳐 전자레인지에서
   1분간 돌린다. 고소한 냄새가 날 때까지 30초씩 더 돌린다. 또는
   기름을 두르지 않은 팬에 넣고 고소한 냄새가 날 때까지 볶는다.
2) 쥐포 : 기름과 쥐포를 처음부터 같이 넣고 끓여 살짝 튀긴다.
3) 진미채 : 찜기에 넣고 찌거나 위생팩에 넣고
   소주를 골고루 뿌려 10분간 둔다.
4) 황태 : 위생팩에 넣고 소주를 골고루 뿌려 20분 이상 둔다.
5) 꼴뚜기 : 찬물에 10분간 담가둔 후 여러 번 헹군다.

해조류와 콩·견과류

해조류는 특유의 산뜻한 풍미가 있어 주로 입맛 돋우는 반찬으로 만들어요. 콩·견과류는 영양이 풍부하고 고소한 맛을 더하지요.
해조류는 물기를 빼고 냉장이나 냉동 보관하고, 콩·견과류는 산패될 수 있으니 밀봉해 서늘한 곳 또는 냉동 보관합니다.

미역줄기 ____ 1년 내내 만날 수 있는 미역 줄기는
미역(갈조류) 가운데 줄기 부분을 길게 썰어 염장해 판매된다.
염분은 조리 전 찬물에 담가 충분히 없애야 한다.
짙은 초록빛을 띠며 줄기가 두껍고 탄력이 있는 것이 좋다.

파래 ____ 겨울이 제철인 파래(홍조류)는 얇기 때문에
소금을 섞은 찬물에 가볍게 흔들어 씻고 마지막은 생수로 헹군다.
진한 녹색빛이 나는 것, 파래 특유의 향이 나고 탄력이 있는 것이 좋다.
붉은색이나 누런색을 띠는 것은 피한다.

톳 ____ 겨울~초봄 제철인 톳(갈조류)은 생톳과 건조톳으로
판매된다. 건조톳을 불릴 때 식초를 조금 넣으면 비린내를 없앨 수
있다. 거무스름하고 윤기가 나는 것, 굵기가 일정한 것, 탱탱한 것이
좋다. 찬물에 헹궜을 때 물이 뿌옇게 되면 싱싱하지 않은 것.

김(파래김) ____ 일반 김에 파래를 섞어 만든 것으로
파래 특유의 쌉싸래한 맛이 적어 먹기 좋다. 어두운 초록색을
띠고 윤기가 나는 것을 고른다. 습기 때문에 눅눅해질 수 있으니
키친타월로 감싼 후 지퍼백에 넣어 냉동 보관한다.

서리태 ____ 10월경 서리 이후에 수확해서 '서리태'라고 이름이
붙여진 검은콩으로, 주로 다시마를 넣은 물에 불려서 조리한다.
검고 반질반질하게 윤기나는 것, 크기가 일정한 것이 좋다.

땅콩 ____ 볶지 않은 생땅콩과 볶은 땅콩으로 판매된다.
볶은 땅콩은 양념이 잘 배지 않고 조리 중에 껍질이 벗겨져
지저분해지므로 밑반찬에 거의 사용하지 않는다.
생땅콩은 물에 삶아서 속껍질의 떫은맛을 없앤 후
조리하는 것이 좋다. 생땅콩은 속껍질이 붙어있는 것이 좋고,
묵은 냄새가 나거나 껍질이 벗겨진 것은 피한다.

아몬드 슬라이스 ____ 불포화지방산, 비타민E가 풍부한 아몬드는
굽거나 볶으면 풍미가 더 살아난다. 껍질 부분 테두리가 붉은 갈색을
띠고, 안쪽은 흰색이 선명한 것이 좋다. 안쪽 색이 누런 것은 피한다.

단단한 채소

뿌리채소, 마늘종, 꽈리고추, 감자 등은 수분이 적고 조직이 단단해 밑반찬에 활용하기 좋은 식재료랍니다. 키친타월로 감싸 지퍼백에 넣어 서늘한 곳이나 냉장실에 두면 오래 보관할 수 있어요. 밑손질을 해서 냉동하면 필요할 때마다 꺼내 요리할 수 있어 편하지요.

우엉 ──── 겨울이 제철인 뿌리채소. 지름 2cm 정도로 굵기가
일정한 것, 잔주름과 잔뿌리가 적고 향이 진한 것이 좋다.

연근 ──── 조림 밑반찬의 단골 재료. 제철은 10~3월이다.
상처가 없는 중간 크기의 묵직한 것을 고른다. 마트에서는
손질된 슬라이스 연근도 살 수 있는데, 껍질이 있는 연근에 비해
덜 신선하고 조리 시 잘 부서진다.

더덕 ──── 1~3월이 제철. 쌉싸래한 맛을 내는 사포닌이 풍부해
기관지에 좋다. 흙이 묻어있고 모양이 균일한 것을 고른다.
잔뿌리가 적고 향이 짙은 것이 좋다.

• 우엉, 연근, 더덕과 같은 뿌리채소 보관하기
흙이 묻은 상태를 키친타월로 감싸 지퍼백에 넣은 후 서늘한 곳이나
냉장실 채소칸에 보관한다. 껍질을 벗긴 후 작게 썰어 지퍼백에 넣어
냉장 또는 냉동 보관한다. 단, 우엉이나 연근은 썰어둘 경우 색이
변하므로 썰어서 식촛물에 담가두었다가 물기를 없앤 다음 얼린다.

마늘종 ──── 마늘의 꽃줄기로 알싸한 향이 특징.
봄에만 짧게 국내산을 만날 수 있고 다른 계절에는 대부분
중국산을 판매한다. 전체적으로 초록색을 띠고 윤기가 나는 것,
두께가 일정하고 짓무르지 않은 것을 고른다.

꽈리고추 ──── 고추의 변이종. 통째로 넣거나 2등분해 조리한다.
제철은 6월~10월. 연녹색을 띠며 쪼글쪼글한 주름이 살아있고
표면에 윤기가 나는 것을 고른다. 꼭지가 시들지 않은 것이 좋다.

• 마늘종, 꽈리고추 보관하기 마늘종은 한입 크기로 썰어
냉동 보관하고, 꽈리고추는 꼭지를 떼어 지퍼백에 넣어
냉장 또는 냉동 보관한다.

감자, 알감자 ──── 볶음, 조림 밑반찬에 자주 쓰인다.
감자의 제철은 6월~9월, 알감자의 제철은 8월~10월.
감자는 둥글고 단단하며 흙이 묻어있는 것, 묵직한 것을 고른다.
알감자는 매끈매끈하고 동글동글한 것을 고른다.
종이봉투에 넣어 서늘한 곳에 보관한다. 신문지로 싸서,
또는 껍질을 벗긴 후 썰어 지퍼백에 넣어 냉장 보관해도 된다.

말린 채소

영양분은 유지하고 저장성을 높이기 위해 건조한 말린 채소입니다. 서늘하고 통풍이 잘 되는 곳에 보관했다가 조리하기 전에 불리거나 삶으면 돼요. 시래기, 고사리는 마트나 시장에서 삶아 판매하는 것으로 요리해도 됩니다.

시래기 ___ 무의 잎인 무청을 말린 것으로 비타민, 미네랄, 식이섬유가 풍부하다. 건시래기도 팔지만, 바로 요리할 수 있도록 일회용기에 담은 삶은 시래기도 많이 판매한다. 잎과 줄기 부분이 초록색을 띠며 밑 부분에 곰팡이가 없는 것을 고른다. 서늘하고 통풍이 잘 되는 곳에 두거나 밀봉해서 냉동실에 넣어둔다. 삶은 후 먹기 좋은 크기로 썰어 한 번 먹을 분량씩 지퍼백에 넣어 냉동 보관하면 필요할 때마다 해동해 요리에 사용할 수 있다.

• **건시래기 삶기** 따뜻한 물에 불려서 헹군 후 쌀뜨물에 넣고 약한 불에서 40~50분간 삶는다. 자세한 과정은 52쪽 참고

무말랭이 ___ 겨울 동안 무가 얼었다 녹기를 반복하며 마른 것으로 이 과정에서 특유의 식감이 살아난다. 색이 뽀얗고 깨끗한 것, 너무 굵지 않은 것을 고른다. 냄새를 맡았을 때 쿰쿰하지 않은 것이 좋다.

• **불리기** 미지근한 물에 2~3회 박박 비벼서 씻은 후 찬물에 20분간 담가둔다. 물을 너무 많이 흡수하면 씹는 맛이 줄어들고 쉽게 상하므로 딱딱한 질감만 사라질 정도로만 불린다. 통풍이 잘 되는 그늘에 보관하거나 지퍼백에 넣어 냉동 보관한다.

• **집에서 만들기** 먹고 남은 무가 있다면 식품건조기로 무말랭이를 만들 수 있다. 무를 채 썰어 식품건조기에 넣고 70℃에서 5시간 건조시킨다. 이후 체에 펼쳐 바람이 통하는 서늘한 곳에서 1~2일 정도 더 말린다. 자세한 과정은 141쪽 참고

건고사리 ___ 고사리를 삶은 후 말린 것. 사용 시 불린 후 쌀뜨물에 삶아서 요리에 더한다. 짙은 갈색을 띠고 줄기가 통통하며 쭈글쭈글하지 않은 것을 고른다. 통풍이 잘 되는 그늘에 보관하거나 지퍼백에 넣어 냉동 보관한다.

• **건고사리 삶기** 넉넉만 물에 담가 중간중간 물을 갈아주며 3~4시간 불린 후 쌀뜨물에 30분간 삶는다. 자세한 과정은 85쪽 참고

밑반찬 맛내기에 꼭 필요한 양념과 소스들

▌기본 양념

소금
책에서는 대부분 꽃소금을 사용했어요. 단, 파래김자반(32쪽)에는 짠맛이 겉돌지 않게 하기 위해 설탕처럼 입자가 고운 구운 소금을 사용했답니다.

설탕(백설탕, 황설탕)
책에서는 대부분 백설탕을 썼어요. 백설탕, 황설탕은 당도가 비슷한데요, 황설탕은 제조 과정에서 가해진 열로 인해 원당의 향이 남아있고 색이 진하며 감칠맛도 나지요. 연근조림(62쪽)에는 먹음직스러운 색깔과 윤기를 내기 위해 황설탕을 사용했습니다.

간장(양조간장, 국간장)
간장은 양조간장과 국간장을 썼어요. 양조간장은 진간장으로 대체할 수 있는데, 이때 뒷면의 성분표를 확인해서 화학적으로 만들어진 '산분해간장'이라고 적혀 있으면 가급적 쓰지 마세요.

고추장
책에서 사용한 고추장은 집에서 만든 것이에요. 시판 고추장을 써도 돼요. 매운맛은 기호에 따라 고르세요.

된장
책에서는 집된장을 사용했어요. 집된장은 시판 된장에 비해 단맛이 적고 더 짤 수 있어요. 시판 된장을 사용할 경우 중간중간 간을 보며 양을 조절하세요.

꿀, 올리고당(황색 올리고당)
가열하지 않는 요리에는 건강한 단맛을 내는 꿀을 사용해요. 책에서는 초간편 깻잎장아찌(88쪽)에 꿀을 넣었지요. 볶음, 조림 등 가열하는 밑반찬에 올리고당을 넣었어요. 연근조림(62쪽)에는 먹음직한 색깔과 쫀득쫀득한 맛을 위해 황색 올리고당을 사용했습니다.

고춧가루, 후춧가루
고춧가루는 매운맛에 대한 기호나 선호하는 입자 크기에 따라 사용하면 됩니다. 후춧가루는 휘발성이 있기 때문에 요리가 완성되기 직전에 넣어야 해요.

명랑쌤이 밑반찬을 만들 때 주로 사용하는 양념과 소스를 소개합니다. 각각의 특징과 활용법을 알고 나면
요리가 더 맛있어질 겁니다. 밑반찬의 기본이 되는 것들이니 미리 확인하고 준비해두세요.

통깨

볶음, 조림 밑반찬을 마무리할 때 주로
넣어요. 무침 밑반찬에는 통깨를
잘게 부숴 넣기도 해요. 고소한 풍미를 위해
통깨와 잘게 부순 깨를 3:1 비율로
섞어도 좋아요. 냉장 보관하세요.

청주, 소주

청주는 재료의 비린내를 잡는 데
효과적이에요. 소주는 살균 및 소독
목적으로 사용해요. 단, 화학주이기
때문에 가열하는 요리에 넣으면
쓴맛이 날 수 있어요.

포도씨유, 식용유

재료를 볶거나 구울 때는 주로 포도씨유를
쓰고, 튀김을 할 때는 튀김용 식용유를
사용해요. 포도씨유에 부족한 풍미를

더하기 위해 들기름을 섞어도 좋아요.
사용 후 우유팩에 키친타월 → 식용유를
번갈아가며 넣고 흡수시키는 과정을
반복한 후 밀봉해 일반 쓰레기로 처리하세요.

참기름, 들기름

참기름은 볶음, 무침 밑반찬의 마무리에
주로 사용해요 해가 들지 않는 서늘한
실온에 1~2개월 보관 가능해요. 들기름은
발연점이 낮아 단독으로 쓰기보다는
식용유에 섞어 사용해요. 이렇게 하면
채소를 볶을 때 뒷맛이 구수해진답니다.
볶지 않은 들깨를 착유한 생들기름도 좋아요.
들기름은 쉽게 상하므로 냉장 보관하세요.

매실청

새콤달콤한 맛을 내고 감칠맛이 있어 설탕
대신 사용하기 좋아요. 책에서도 단맛을

내는 반찬에 두루두루 사용했답니다.
집집마다, 제품마다 맛의 차이가 있기
때문에 맛을 보면서 양을 조절하세요.

찹쌀가루

찹쌀가루는 주로 요리의 농도를 걸쭉하게
만들기 위해 사용해요. 책에서는 고사리
나물 들깨조림(84쪽), 어리굴젓(118쪽),
대저 토마토김치(148쪽)에 넣었어요.
찹쌀가루는 다른 재료로 대체하기 어려우니
참고하세요.

다진 마늘, 다진 생강

다진 마늘은 풍미를 주고, 다진 생강은
잡내와 비린 맛을 없애는 데 쓰여요.
한 번에 대량으로 다져서 냉동 보관했다가
필요할 만큼 조금씩 꺼내 냉장 보관하며
사용하세요.

그 밖의 양념과 소스

맛술 ——— 청주, 소주와 달리 은은한 단맛이 있어요. 게다가
밑반찬의 보존성도 높여주지요. 시판 제품 중 생강을 함유한
맛술의 경우 잡내 제거 효과도 좋아요. 맛술은 합성 향료나
감미료가 들어있지 않은 것을 고르세요.

진참치액 ——— MSG가 함유되어 있지 않아 즐겨 사용해요.
다양한 밑반찬에 두루두루 활용하지요. 국물 요리의 간을 맞출 때는
국간장 : 참치액 : 멸치액젓을 동일한 비율로 넣어도 좋아요.

남해굴소스 ——— 간장보다 짠맛이 강해 적은 양을
사용해도 충분하고, 요리에 감칠맛도 준답니다. 합성감미료와
보존료가 들어있지 않은 제품을 권해요. 책에서는 브로콜리
양배추볶음(40쪽)에 썼어요.

두반장 ——— 콩을 숙성시켜 만든 매콤한 중국의 장류예요.
한식에도 잘 어울리지요. 책에서는 콩나물 단무지볶음(44쪽)에
사용했어요. 순두부찌개나 매운탕 등 매콤한 국물 요리 양념에
조금 섞어주면 더 진한 맛을 낼 수 있어요.

발사믹 식초 ——— 포도 농축액을 숙성시킨 이탈리아 식초예요.
책에서는 파프리카피클(110쪽)에 활용했어요. 남은 발사믹 식초는
빵을 찍어 먹는 디핑 소스로 즐길 수 있지요. 매콤한 무침이나
튀김 양념장에 산미를 내고 싶을 때 약간 넣어도 잘 어울려요.

씨겨자(홀그레인 머스터드) ——— 겨자씨가 씹히는 소스예요.
이국적인 풍미를 낼 때 유용하지요. 제품마다 겨자씨 입자의 크기가
조금씩 다르니 취향에 따라 골라보세요. 꿀이나 마요네즈,
올리브유 등을 섞으면 샐러드 드레싱이나 소스로도 즐길 수 있어요.

황태가루 ——— 천연조미료 역할을 해요. 책에서는 씀바귀
고추장장아찌(104쪽) 양념에 활용했어요. 육수가 없을 때 국물에
1~2큰술 넣으면 감칠맛이 살아나요. 볶음, 조림, 무침 밑반찬에도
약간씩 넣으면 좋아요. 온라인몰이나 마트에서 판매하는데,
구수한 향이 나는 것을 구입하고 냉장 보관하세요.

tip — 비법 밑반찬을 위해 미리 만들어두는 2가지

다시마국물 (냉장 2~3일, 냉동 1개월)
다시마 10×10cm 1~2장, 물 5컵(1ℓ)

1 물에 다시마를 넣어 하룻밤 우린다.
2 그대로 냄비에 넣고 약한 불에서 끓어오르면
  다시마는 바로 건진다. 다시 한 번 끓어오르면
  불을 끄고 식혀서 사용한다.

고추기름 (냉장 2개월)
포도씨유 5컵(1ℓ), 양파 1/4개(50g), 대파 20cm,
마늘 4쪽(20g), 편 썬 생강 4조각, 고춧가루 1컵

1 양파, 대파, 마늘, 생강을 얇게 채 썬다.
2 냄비에 포도씨유와 ①의 재료를 모두 넣고
  약한 불에서 자글자글 끓인다.
3 채소가 갈색이 나면 불을 끄고 고춧가루를 섞는다.
  * 매운 맛을 선호하면 고춧가루를 더 넣어도 좋아요.
4 뚜껑을 덮고 1시간 정도 그대로 둔다.
5 기름이 차게 식으면 키친타월을 받친 후 재료를 부어
  고추기름만 따른다. 밀폐용기에 넣고 냉장 보관하며
  사용한다. * 키친타월 대신 면보를 사용해도 돼요.

넉넉히 만들어 끝까지 맛있게 먹는 방법

뜨거운 반찬은 한 김 식혀서 냉장실로!

불 조리를 한 반찬은 반찬통에 옮겨 담은 후 식혀 냉장 보관하세요.
단, 너무 오래 식히면 윗면이 마르고 재료에서 물이 나와서
질척해지므로 뜨겁지 않을 때까지, 한 김만 식히세요.

재료에 따라 알맞은 반찬통을 고르세요

기름을 넣고 뜨겁게 조리한 반찬을 플라스틱 용기에 담으면
유해 물질이 나올 수 있어요. 유리나 스테인리스 용기에 담으세요.
초록색을 띠는 시금치는 스테인리스와 만나면 변색되니
유리 용기가 좋아요.

절임 밑반찬은 밀폐용기의 크기를 미리 확인하세요

절임 밑반찬은 한꺼번에 많은 양을 만들고 재료가 절임장에
잠긴 상태로 보관되어야 하므로 큰 밀폐용기가 필요해요.
주재료와 조림장의 분량을 고려해 미리 넉넉한 크기의
밀폐용기를 준비해두세요.

양념이 진한 절임은 공기를 최대한 빼서 보관하세요

씀바귀 고추장장아찌(104쪽), 황태 고추장장아찌(108쪽)처럼
양념이 걸쭉한 절임 밑반찬은 밀폐용기에 꾹꾹 눌러 담고
윗면을 랩이나 위생팩으로 밀착시키면 공기와 접촉하는 면이
줄어들어 맛을 오래 유지할 수 있어요.

절임은 김치냉장고에 보관하세요

오래 두고 먹는 절임 밑반찬은 온도가 일정하게 유지되어야
저장성이 유지돼요. 대량으로 만든 절임 밑반찬은 큰 밀폐용기에 담아
김치냉장고에 넣어두고 일주일간 먹을 만큼만 반찬통에 덜어서
냉장실로 옮겨 보관하세요.

먹다 남은 반찬은 반찬통에 섞지 마세요

반찬을 반찬통 그대로 먹을 경우 침이 섞여 쉽게 상할 수 있어요.
따라서 한 번 먹을 분량씩 덜어 먹되, 남은 반찬을 다시 반찬통에
넣지 않습니다. 먹다 남은 것은 덜어둔 그대로 랩을 씌우거나
뚜껑을 덮어 따로 냉장 보관하세요.

주말에 한꺼번에 만들면 든든한 **밑반찬 3종 세트**

밥상에 함께 차렸을 때 서로 어울리는 맛, 그리고 함께 만들기 좋은 밑반찬들을 3가지씩 묶어 제안합니다.

건새우 가지볶음(24쪽)
+
고사리 나물 들깨조림(84쪽)
+
대저 토마토김치(148쪽)

어묵 꽈리고추볶음(36쪽)
+
일본식 쇠고기 감자조림(68쪽)
+
구운 쪽파 느타리버섯무침(136쪽)

마늘종 쇠고기볶음(48쪽)
+
코다리 무조림(78쪽)
+
열무 쪽파 된장무침(138쪽)

잔멸치 아몬드볶음(26쪽)
+
매운 감자 꽈리고추조림(66쪽)
+
도라지 오이무침(140쪽)

시래기 쇠고기볶음(52쪽)
+
구운 멸치무침(124쪽)
+
무생채(144쪽)

파래김자반(32쪽)
+
반숙 달걀장조림(72쪽)
+
오이송송이(146쪽)

우엉 고추잡채(38쪽)
+
명란 고추 간장조림(80쪽)
+
초간편 깻잎장아찌(88쪽)

미역줄기볶음(54쪽)
+
돼지고기 메추리알장조림(74쪽)
+
진미채 고추장무침(122쪽)

고추장 범벅 쇠고기볶음(50쪽)
+
연근조림(62쪽)
+
간장 절임 새우장(112쪽)

바싹 김치볶음(34쪽)
+
알감자 닭봉조림(70쪽)
+
시금치 깨소스무침(130쪽)

볶음

센 불에서 단숨에 익히는 볶음 밑반찬은 느끼하지 않게 조리해야 맛있어요.
어른 아이 모두 좋아하는 고소한 맛의 반찬들이 많답니다.

명랑쌤이 알려주는 볶음 밑반찬 기본 비법

함께 볶는 재료는
비슷한 크기로 썰어요.

재료들의 크기가 비슷해야
열이 균등하게 전달되어서
익는 시간을 맞출 수 있어요.

센 불에서
재빨리 볶으세요.

재료에서 물기가 나오는 것을
막는 방법이에요. 약한 불에서
오래 볶으면 수분은 빠지고
기름기가 스며든답니다.

주걱으로 자주 뒤섞고
팬도 중간중간 흔드세요.

양념이 팬에 눌어붙지 않고 재료에
잘 묻게 하기 위해서는 주걱으로
팬 가장자리에 묻은 양념을 계속
긁어 재료와 뒤섞고, 중간중간
팬을 흔들어 골고루 섞이게 하세요.

식용유에 들기름 약간을
섞어 보세요.

구수한 풍미가 살아난답니다.
들기름은 발연점이 낮기 때문에
불 조리할 경우 단독으로
쓰지 않도록 주의하세요.

기름은 분량과
넣는 순서를 꼭 지키세요.

느끼하지 않고 고소한 맛으로
만들려면 레시피에서 제시한 기름의
분량을 맞춰주세요. 또한 볶는 중간에
기름을 여러 번 넣으면 흡수되지 않고
겉돌게 되므로 순서도 지키세요.

불을 끄기 전에
이런 양념을 추가하세요.

마지막 과정에 들깻가루 1~2큰술
또는 참기름을 넣으면 감칠맛이
올라가요. 휘발성이 있는
후춧가루도 이때 넣으면 돼요.

**냉장
4~5일**

쫄깃한 가지, 파삭한 건새우가 맛있게 어우러진

건새우 가지볶음

◎ 5~6회분

◯ 20~25분

명랑쌤 비법 건새우, 가지를 따로 볶아 식감 살리기

건새우와 가지는 수분 함량이 다르기 때문에 각각 볶은 후 마지막에 양념과 함께
볶으면 두 재료의 식감을 모두 잘 살릴 수 있어요.
건새우는 약한 불에서 바삭하게, 가지는 센 불에서 물기를 날리며 쫄깃하게 볶으세요.

- 건새우 약 1/3컵(10g)
- 가지 3개(450g)
- 양파 1/2개(100g)
- 꽈리고추 7개
- 포도씨유 1작은술 + 1큰술
- 들기름 1큰술
- 참기름 2작은술
- 통깨 1큰술
- 송송 썬 쪽파 약간(생략 가능)

양념
- 고춧가루 1과 1/2큰술
- 다진 파 1큰술
- 양조간장 2큰술
- 맛술 2큰술
- 참치액 1큰술
- 다진 마늘 2작은술
- 다시마국물 2/5컵(80㎖)
  * 만들기 18쪽

tip ― 아이용으로 만들기
고춧가루는 생략하세요.

가지는 길이로 반을 갈라 1cm 두께로
어슷 썬다. 양파는 1cm 두께로 채 썰고,
꽈리고추는 2등분한다.
볼에 양념 재료를 섞는다.

달군 팬에 포도씨유(1작은술)를 두르고
건새우를 넣어 아주 약한 불에서
1~2분간 바삭하게 볶은 후 덜어둔다.

달군 팬에 포도씨유(1큰술), 들기름을 두르고
가지, 양파를 넣어 센 불에서
3~4분간 구운 색이 나게 볶는다.

꽈리고추를 넣고 1분간 뒤섞으며 볶은 후
불을 끄고 덜어둔다.

팬에 ①의 양념을 넣고 센 불에서 바글바글
끓으면 볶은 건새우, ④의 채소를 넣고
1~2분간 살짝 볶는다. 참기름, 통깨,
송송 썬 쪽파를 넣고 섞는다.

쥐포볶음
레시피 28쪽

뱅어포볶음
레시피 29쪽

잔멸치 아몬드볶음
레시피 30쪽

한 번 먹으면 멈출 수 없는 맛, 맥주 안주로도 추천

쥐포볶음

⊚ 5~6회분

⏱ 15~20분

- 쥐포 약 4~5장(200g)
- 다진 마늘 1작은술
- 다진 생강 1작은술
- 포도씨유 1큰술
- 식용유 3컵(튀김용, 600㎖)
- 통깨 1큰술
- 송송 썬 쪽파 1큰술
- 참기름 1큰술

양념
- 청주 2큰술
- 양조간장 1큰술
- 매실청 1큰술
- 고추장 2큰술
- 설탕 2작은술
- 올리고당 2작은술
- 고추기름 1/2작은술

tip ─ **아이용으로 만들기**
고추기름은 포도씨유로 대체하고
고추장은 생략하세요.
간이 부족할 수 있으니 양념에
양조간장을 1작은술 정도 추가하세요.

명랑쌤 비법 1 쥐포 비린내 없애기
달군 기름이 아닌 찬 기름에 처음부터 쥐포를 함께 넣고 끓이면서 튀겨야 비린내가 없어져요.
튀긴 후 볶는 과정에서 한 번, 과정 ⑤에서 더한 생강으로 또 한 번, 쥐포의 비린내가 없어져요.

명랑쌤 비법 2 물기를 약간 남겨 촉촉하게 즐기기
튀기거나 볶는 시간이 길어지면 냉장 보관 시 쥐포가 단단해질 수 있으니 주의하세요.
마지막에 양념의 물기가 살짝 촉촉한 상태일 때 요리를 마무리하는 것도 중요해요.

1
볼에 양념 재료를 섞는다.
쥐포는 1cm 두께로 자른다.

2
냄비에 식용유, 쥐포를 넣고 약한 불에서
연한 갈색이 날 때까지 끓인 후 건진다.
* 쥐포는 튀긴 후에 색이 더 진해지므로
색이 연할 때 건지세요.

3
키친타월에 올려 10분간 기름기를 없앤다.

4
달군 팬에 포도씨유, 다진 마늘을 넣어
중간 불에서 30초 정도 향이 나게 볶다가
①의 양념을 넣어 1분간 자글자글 끓인다.

5
쥐포, 다진 생강을 넣고 약한 불에서
1~2분간 촉촉하게 볶다가
통깨, 송송 썬 쪽파, 참기름을 섞는다.

삼시 세끼 고소하게 칼슘 보충
뱅어포볶음

🕐 5~6회분

⏱ 15~20분

- 뱅어포 5장(약 65g)
- 식용유 4컵(튀김용, 800㎖)
- 마요네즈 1큰술
- 통깨 1/2큰술
- 송송 썬 쪽파 1큰술
- 참기름 1작은술

양념
- 청주 1큰술
- 양조간장 1큰술
- 올리고당 2큰술
- 고추기름 1큰술
- 고춧가루 2작은술
- 다진 마늘 1작은술
- 다진 생강 1/4작은술
- 맛술 2작은술
- 고추장 1작은술

명랑쌤 비법 1 뱅어포 건강하게 튀기기

뱅어포는 기름에 들어가면 색이 변하고 쉽게 타게 되므로 넣고 바로 건지세요.
튀긴 후 키친타월에 올려 기름기를 최대한 없애야 열량도 줄고 덜 느끼해요.

명랑쌤 비법 2 부드러운 맛의 비결, 마요네즈

과정 ③에 마요네즈를 넣으면 고소한 맛을 더할 수 있고 냉장 보관해도 단단해지지 않아요.

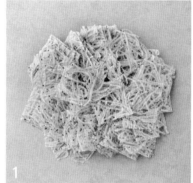

1

뱅어포는 3×3cm 크기로 자른다.

2

달군 식용유(160℃ 정도)에 뱅어포를 넣고
바삭해지면 바로 체로 건져 키친타월에
5분 이상 올려 기름기를 최대한 없앤다.

3

팬에 양념 재료를 넣고 섞는다. 중약 불에서
전체적으로 자글자글 끓어오르면 불을 끈다.
마요네즈를 섞은 후 한 김 식힌다.

4

뱅어포를 ③의 양념에 버무린다.
통깨, 송송 썬 쪽파, 참기름을 섞는다.

tip ─ 아이용으로 만들기
　　　고추장, 고춧가루는 생략하고
　　　고추기름은 포도씨유로 대체하세요.

비법 따라 제대로 만드는 대표 밑반찬

잔멸치 아몬드볶음

- 10회분
- 15~20분

- 잔멸치 약 2와 1/2컵(150g)
- 아몬드 슬라이스 약 1/2컵
  (또는 호박씨나 잣, 50g)
- 송송 썬 청양고추 1개분
- 통깨 1큰술
- 참기름 1/2큰술

양념
- 편 썬 마늘 4쪽
- 설탕 1과 1/2큰술
- 물 1큰술
- 올리고당 2큰술
- 포도씨유 1큰술
- 고추기름 1큰술
- 다진 생강 2/3작은술
- 양조간장 1작은술

명랑쌤 비법 1 잔멸치 바삭하게 굽기

잔멸치는 기름을 두르지 않은 팬에 넣고 아주 약한 불에서 볶거나, 접시에 펼쳐 담아 전자레인지에서 1~2분간 데우세요. 바삭한 식감도 살리고 비린내도 없앨 수 있어요.

명랑쌤 비법 2 참기름 넣어 뭉치지 않게 냉장 보관하기

뜨거울 때 바로 참기름을 섞으면 냉장 보관해도 잔멸치가 한 덩어리로 뭉치지 않아요.

1

달군 팬의 한쪽에는 잔멸치, 반대쪽에는 아몬드 슬라이스를 넣고 아주 약한 불에서 7~10분간 각각 바삭하게 구워 덜어둔다.

2

팬에 양념 재료를 넣고 중간 불에서 끓인다. 전체적으로 끓어오르면 송송 썬 청양고추를 넣고 20초간 볶는다.

3

약한 불로 줄여 ①을 넣고 2~3분간 버무리며 볶은 후 불을 끈다.

4

통깨, 참기름을 넣고 섞은 후 넓은 그릇에 펼쳐 식힌다.

tip — 아이용으로 만들기
청양고추는 생략하고
고추기름은 포도씨유로 대체하세요.

밑반찬 만들면서 궁금했던 것들, **명랑쌤에게 물었습니다**

더 맛있는 밑반찬을 위해 어떤 양념을, 어떤 조리도구를 골라야 할까? 명랑쌤이 한 끗 차이 비법을 알려드려요.

Q 명랑쌤의 밑반찬에는
설탕, 올리고당, 조청, 물엿 등이
다양하게 쓰이는 것 같아요.
어떤 때, 어떤 당류를 골라야 할까요?

A 설탕은 고기를 부드럽게 해주기 때문에 고기 밑간이나
고기 양념에 특히 유용해요. 또한 선명한 단맛을 내기 때문에
모든 밑반찬에 두루두루 잘 어울리지요.
농도가 있는 올리고당, 조청, 물엿은 서로 대체할 수
있는데요, 올리고당과 물엿은 윤기, 촉촉함 등을
더하기 위해 볶음, 조림에 주로 써요. 조림에서
먹음직스러운 색을 더하고 싶다면 황물엿이나 황색
올리고당을 넣으면 효과적이에요. 건강한 단맛을
선호한다면 조청도 좋아요. 단, 너무 되직해서 무침 등
일부 밑반찬에는 잘 쓰지 않아요.

Q 들기름과 참기름 둘 다
향이 있는 기름인데,
두 가지를 섞어 쓰면
어떤 점이 좋은가요?

A 들기름과 참기름은 각각 차이가 있어요. 들기름은 구수한 맛이
은은하게 나고, 참기름은 고소한 향이 진하게 나지요.
그래서 두 기름을 함께 쓰면 맛과 향이 풍부해져요.
보통 들기름은 발연점이 낮아 쉽게 타기 때문에 포도씨유처럼
발연점이 높고 깔끔한 풍미의 식용유와 섞어 재료를 볶을 때
쓰고, 참기름은 마지막 과정에 넣어 그 향을 최대한 살려 요리를
마무리하지요.

Q 밑반찬을 만들 때
어떤 팬이나 냄비가
적합할까요?

A 볶음 반찬용 팬은 바닥이 넓고 두툼한 것이 적합해요.
불에 닿는 면적이 넓어야 재료에 열이 골고루 전해지고,
두툼해야 열이 금방 식지 않아 단시간에 볶음을 할 수 있지요.
바닥이 얇은 팬은 재료가 쉽게 탈 수 있어서 권하지 않아요.
볶음을 촉촉하게 하려면 웍처럼 깊은 팬을 써도 좋아요.
조림 반찬용 냄비는 재료들을 겹치지 않게 놓고 국물이
잘 배어들어야 하므로 얕고 넓적한 것이 적합하답니다.

Q 스텐팬을 쓰는데,
재료랑 양념이
자꾸 눌어붙어요.

A 스텐팬으로 하기 가장 어려운 요리가 '달걀프라이'라는 말도
있다지요? 스텐팬의 사용법을 먼저 숙지해야 돼요.
조리 전, 예열과 기름 코팅이 필수예요. 팬을 센 불에서 4~5분간
달궈 예열하세요. 물방울을 떨어뜨렸을 때 공 모양으로 굴러다닌다면
적당한 상태지요. 그런 다음, 기름을 넉넉히 둘러서 1~2분간
표면을 코팅한 후 기름을 사용할 만큼 남겨두고 덜어내세요.
이제, 재료를 넣으면 됩니다. 예열과 기름 코팅 과정이 낯설 수 있는데
하다 보면 금세 익숙해질 거예요.

실온
2주

밥 한 그릇을 순식간에 비우게 만드는

파래김자반

⏱ 8~10회분

🕐 15~20분

- 파래김 50g
  * 조미하지 않은 파래김은
  온라인몰이나 마트에서 구입할 수
  있어요. 김자반용 김으로
  대체해도 돼요.
- 포도씨유 3큰술
- 들기름 1과 1/2큰술
- 참기름 1과 1/2큰술
- 구운 소금 1작은술
- 설탕 3큰술
- 통깨 3큰술

tip — **전자레인지로 파래김 굽기**
과정 ②의 방법 대신에
전자레인지에 넣고 1분,
뒤섞어서 30초간 돌려도 돼요.

▌**명랑쌤 비법 1 김에 잘 녹는 구운 소금 넣기**
구운 소금과 설탕은 입자가 곱고 크기가 비슷하기 때문에 서로 조화를 이루면서 김에 잘 녹아요.
일반 꽃소금은 입자가 커서 잘 녹지 않고 겉도는 느낌이 날 수 있으니 추천하지 않아요.

명랑쌤 비법 2 다양한 기름을 섞어서 풍미 올리기
들기름과 참기름은 각자 가지고 있는 맛과 향에 차이가 있어요. 들기름은 구수한 맛이 은은하게
나고, 참기름은 고소한 향이 진하지요. 볶을 때 두 가지를 동량으로 섞으면 풍미가 더욱 깊어져요.

1 김은 손으로 뜯어 2~3cm 크기로
잘게 부순다.

2 넓은 팬을 달군 후 김을 넣고
중간 불에서 뒤적이면서 1~2분간 굽는다.

3 포도씨유, 들기름, 참기름을 넣고
바삭해질 때까지 1~2분간 뒤적이며 볶는다.

4 약한 불로 줄인 후 구운 소금, 설탕을 넣고
알갱이가 거의 없을 때까지
1~2분간 뒤적이면서 볶는다.

5 불을 끄고 통깨를 넣어 섞은 후 식힌다.
* 팬에 열기가 남아있어 그대로 식히면
탈 수 있으니 다른 접시에 옮겨 식히세요.

국물이 없어 오래 두고 먹어도 맛있는
바싹 김치볶음

⊘ 5~6회분
◷ 15~20분

- 익은 김치 약 3과 1/3컵(500g)
- 대파 10cm
- 통깨 1큰술

양념
- 설탕 1큰술
- 매실청 1큰술
- 고추장 1큰술
- 버터 1큰술
- 들기름 1큰술
- 참기름 1큰술
- 고춧가루 2작은술
- 다진 마늘 2작은술
- 후춧가루 약간

명랑쌤 비법 버터를 넣어 풍미 살리기
버터를 넣어 참기름, 들기름만으로는 부족한 풍미를 더욱 깊게 만들었어요. 버터가 살짝
굳으면서 코팅 효과도 발휘해 보관할 때 국물이 덜 생겨 한결같은 맛이 유지된답니다.

1. 대파는 송송 썬다. 김치는 1cm 두께로
채 썬 후 물기를 가볍게 짠다.

2. ①의 김치에 양념 재료를 넣고 버무린다.

3. 달군 팬에 ②를 넣고 중간 불에서
국물이 없어질 때까지
9~10분간 바싹하게 볶는다.

4. 대파, 통깨를 넣고 섞는다.

tip ─ 김밥 속재료로 활용하기
바싹 김치볶음은 국물 없이 볶았기에
김밥 속재료로도 손색이 없어요.
다른 재료를 준비할 여유가 없을 때
초간단 별미 김밥을 만들어 보세요.

냉장
4~5일

어묵 꽈리고추 볶음

◎ 5~6회분

⏱ 20~25분

- 사각어묵 6장(300g)
- 꽈리고추 10개(또는 피망 1개)
- 양파 1/2개(100g)
- 다진 파 2큰술
- 다진 마늘 1큰술
- 포도씨유 1/2큰술
- 고추기름 1/2큰술
- 통깨 1작은술
- 참기름 1/2작은술
- 후춧가루 약간

양념
- 고춧가루 1큰술
- 양조간장 2와 1/2큰술
- 맛술 2큰술
- 올리고당 2큰술
- 고추장 1/2큰술
- 다시마국물 1/3컵(약 70㎖)
  ＊ 만들기 18쪽

명랑쌤 비법 다시마국물로 감칠맛 내기

어묵과 잘 어울리는 다시마국물을 양념에 넣어서 감칠맛과 촉촉한 식감을 살렸어요.
다시마국물은 넉넉히 만들어 냉장 보관해두면 밑반찬을 만들 때 쉽게 활용할 수 있지요.
만드는 법은 18쪽을 참고하세요.

1

어묵은 끓는 물(5컵)에 살짝 데쳐
찬물에 헹군 후 한입 크기로 썬다.
꽈리고추는 꼭지를 떼고 2등분하고
양파는 0.5cm 두께로 채 썬다.

2

볼에 양념 재료를 섞는다.

3

달군 팬에 포도씨유, 고추기름,
다진 파, 다진 마늘, 어묵, 양파를 넣고
센 불에서 2~3분간 볶는다.

4

②의 양념을 넣고 중간 불에서
3~4분간 볶는다.

5

꽈리고추를 넣고 1분간 볶은 후
통깨, 참기름, 후춧가루를 넣어 섞는다.

tip ─ **아이용으로 즐기기**
고추기름은 포도씨유로 대체하고 고춧가루, 고추장은 생략하세요.

가공식품 건강하게 즐기기
어묵, 베이컨 등 가공식품은 요리 전에 끓는 물에 데치면
식품 첨가물과 기름기가 없어져서 건강하게 즐길 수 있어요.

냉장
3~4일

식이섬유가 풍부한 우엉 반찬으로 챙기는 장 건강

우엉 고추잡채

◎ 3~4회분

◷ 15~25분

　(+ 식촛물에 우엉 담가두기 30분)

- 우엉 200g
- 당근 1/5개(40g)
- 풋고추 3개
- 홍고추 1개
- 들기름 2큰술
- 통깨 1큰술
- 참기름 1/2큰술

양념

- 양조간장 1과 1/2큰술
- 맛술 1큰술
- 참치액 1/2큰술
- 올리고당 1큰술
- 흑설탕 2작은술
- 다시마국물 1/2컵(100㎖)
  * 만들기 18쪽

▌명랑쌤 비법 식촛물에 우엉 담그기

우엉은 특유의 떫은맛이 있고 껍질을 벗기면 금방 색이 변해요.
이는 껍질을 벗긴 후 썰어서 식촛물에 30분 정도 담가두면
떫은맛이 없어지고 변색되는 것도 막을 수 있답니다.

1

우엉은 솔로 문질러 껍질을 벗긴 후 6~7cm
길이로 채 썬다. 볼에 우엉, 잠길 만큼의 물
+ 식초(1큰술)를 넣고 30분간 둔다.
헹군 후 체에 밭쳐 물기를 없앤다.

2

당근은 가늘게 채 썬다.
고추는 반을 갈라 씨를 털어내고 채 썬다.
볼에 양념 재료를 섞는다.

3

달군 팬에 들기름, 우엉을 넣고
중간 불에서 3~4분간 볶는다.

4

②의 양념을 넣고 중약 불에서
뚜껑을 덮고 중간중간 뒤적이면서
국물이 없어질 때까지 5~6분간 졸인다.

5

뚜껑을 열고 당근, 고추를 넣어
1분간 볶은 후 통깨, 참기름을 넣어 섞는다.

[우엉 당면 잡채로 즐기기]

tip — **우엉 당면 잡채로 즐기기**
양념은 2배로, 당면은 200g을 추가로 준비하세요.
과정 ④에서 국물을 졸인 후 불린 당면을 넣고 골고루 볶은 다음
과정 ⑤로 넘어가 완성하면 돼요.

아이용으로 즐기기
고추를 피망이나 파프리카로 대체해도 되고,
고추 대신 당근만 넉넉히 넣어도 돼요.

편식하는 아이들 입맛 사로잡는 브로콜리와 양배추의 만남

브로콜리 양배추볶음

🍳 3~4회분

🕐 15~25분

• 브로콜리 2/3개(200g)
• 양배추 5장(손바닥 크기, 150g)
• 양파 1/4개(50g)
• 베이컨 긴 것 2줄
• 포도씨유 1과 1/2큰술
• 통깨 1큰술
• 참기름 1작은술
• 후춧가루 약간

양념
• 다진 마늘 1큰술
• 맛술 3큰술
• 양조간장 1큰술
• 굴소스 2작은술
• 소금 약간

tip ― **가공식품 건강하게 즐기기**
베이컨, 어묵 등 가공식품을 끓는 물에
데치면 식품 첨가물과 기름기가 없어져서
건강하게 즐길 수 있어요.

▌**명랑쌤 비법 재료만 따로 센 불에서 구워 풍미 살리기**
재료를 먼저 센 불에서 구운 후 덜어두었다가 끓인 양념과 섞으면
물기가 줄어들고 불 맛이 입혀져서 풍미가 더욱 좋아집니다.

1 브로콜리, 양파, 베이컨은 한입 크기로 썰고
양배추는 4×4cm 크기로 썬다.

2 끓는 물(5컵) + 소금(1큰술)에 브로콜리를
넣어 센 불에서 40초간 데친 후 체로 건진다.
이때 물은 계속 끓인다.

3 찬물에 헹군 후 체에 밭쳐 물기를 없앤다.

②의 끓는 물에 베이컨을 넣고 20초간
데친 후 체에 밭쳐 물기를 없앤다.

달군 팬에 포도씨유를 두르고 양배추,
양파를 넣어 센 불에서 2~3분간 볶는다.
브로콜리, 베이컨을 넣어 2분간
볶은 후 구운 색이 나면 덜어둔다.

⑤의 팬에 양념 재료를 넣고 센 불에서
끓어오르면 ⑤의 볶은 채소를 넣고
섞어가며 2~3분간 볶는다.
통깨, 참기름, 후춧가루를 넣어 섞는다.

새우젓과 고춧가루로 매콤한 감칠맛을 더한

애호박 새우젓볶음

🍽 3~4회분

🕐 15~20분

• 애호박 1개(270g)
  * 동량의 둥근 애호박,
  주키니(돼지호박)로 대체해도 돼요.
• 양파 1/2개(100g)
• 다진 마늘 1큰술
• 포도씨유 1큰술
• 들기름 2작은술
• 통깨 1큰술
• 참기름 1작은술
• 후춧가루 약간

양념
• 고춧가루 1과 1/2큰술
• 다진 파 2큰술
• 물 2큰술
• 맛술 1큰술
• 새우젓 2작은술
• 양조간장 1/2작은술
• 후춧가루 약간

tip ― **아이용으로 만들기**
고춧가루는 생략하고 올리고당,
매실청을 약간 추가하세요.

애호박 새우젓덮밥으로 즐기기
과정 ④에서 국물이 촉촉하게
남아있을 때 불을 끈 후 밥에 얹고
김가루를 뿌리거나 파래김자반(32쪽)을
곁들여 덮밥으로 즐겨도 좋아요.

명랑쌤 비법 애호박은 잔열로 부드럽게 익히기
애호박이 푹 익을 때까지 볶으면 식감이 물컹물컹해져요. 따라서 살캉거릴 때까지
70~80%만 익히세요. 덜 익은 것처럼 보여도 식으면서 딱 알맞게 부드러워진답니다.

애호박, 양파는 한입 크기로 썬다.

볼에 양념 재료를 섞는다.

달군 팬에 포도씨유, 들기름, 다진 마늘,
애호박, 양파를 넣어 중간 불에서
2~3분간 볶는다.

②의 양념을 넣고 섞은 후 센 불에서
뚜껑을 덮어 4~5분간 저어가며 애호박이
살캉거릴 때까지 70~80%만 익힌다.
통깨, 참기름, 후춧가루를 넣어 섞는다.

[애호박 새우젓덮밥으로 즐기기]

냉장실에 두면 오도독한 식감이 더 살아나는
콩나물 단무지볶음

⊘ 3~4회분

⏱ 15~20분

- 콩나물 6줌(300g)
- 치자 쫄깃 통단무지 100g
  (또는 꼬들 단무지)
  * 치자를 넣어 쫄깃하게 절인 단무지.
  온라인몰이나 마트에서 판매해요.
- 대파 10cm
- 마늘 2쪽
- 두반장 1큰술
- 고춧가루 1큰술
- 맛술 1큰술
- 참치액 1작은술
- 포도씨유 2큰술
- 통깨 1큰술
- 참기름 1/2큰술
- 후춧가루 약간

명랑쌤 비법 1 콩나물로 저장 밑반찬을 만든다면 무침보다는 볶음
데쳐서 만드는 일반적인 콩나물무침과 달리 콩나물을 볶으면
냉장 보관해도 물이 많이 나오지 않아 밑반찬으로 활용하기 좋아요.

명랑쌤 비법 2 식감의 비결은 치자 쫄깃 통단무지
치자 쫄깃 통단무지는 채 썰면 더 아삭해져요. 작게 썰어진 꼬들 단무지로 대체해도 돼요.
단, 일반 단무지는 보관 도중 물러져서 적합하지 않답니다.

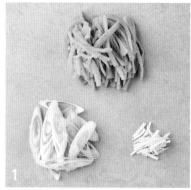

단무지는 두께 0.5cm, 길이 5~6cm
크기로 채 썬다. 대파는 얇게 어슷 썰고
마늘은 채 썬다.

달군 팬에 포도씨유, 마늘, 두반장, 콩나물을
넣고 센 불에서 3~4분간 볶는다.

단무지, 고춧가루, 맛술, 참치액을 넣고
2분간 볶는다.

콩나물이 익으면 대파를 넣고 불을 끈 후
통깨, 참기름, 후춧가루를 넣어 섞는다.

tip — 아이용으로 만들기
두반장과 고춧가루는 생략하고
부족한 간은 소금으로 맞추세요.

식욕을 돋우는 풍미가 가득한 매콤 반찬

고추장 버섯볶음

🍽 2~3회분

🕐 15~20분

- 만가닥버섯 2줌(100g)
- 표고버섯 4개(100g)
  * 동량의 다른 버섯들로
  대체해도 돼요.
- 쪽파 4줄기
- 포도씨유 1큰술
- 들기름 1작은술
- 통깨 1큰술
- 참기름 1/2큰술
- 후춧가루 약간

양념
- 고춧가루 1큰술
- 다진 파 1과 1/2큰술
- 맛술 1큰술
- 올리고당 1큰술
- 고추장 1과 1/2큰술
- 다진 마늘 2작은술
- 양조간장 2작은술

tip ─ **아이용으로 만들기**
고춧가루, 고추장은 생략하세요.
양조간장은 1큰술로,
올리고당은 1과 1/2큰술로 늘리고
부족한 간은 소금으로 맞추세요.

▌명랑쌤 비법 1 버섯은 뜨겁게 달군 팬에서 단숨에 볶기

버섯은 뜨겁게 달군 팬에 넣고 센 불에서 재빨리 볶아야 물이 덜 생겨요.
양념을 섞은 후에도 센 불에서 물기를 날려가며 단숨에 볶으세요.

명랑쌤 비법 2 들기름을 섞어 고소함 살리기

포도씨유는 끓는점이 높아 잘 타지 않고 깔끔한 맛이 나는 장점이 있지만
고소한 맛이 부족해요. 볶음 밑반찬을 만들 때 들기름을 섞으면 고소한 향을 더할 수 있답니다.

1

만가닥버섯은 밑동을 자르고 가닥가닥
뜯는다. 표고버섯은 밑동을 자르고
0.5cm 두께로 썬다.
쪽파는 4cm 길이로 썬다.

2

뜨겁게 달군 팬에 포도씨유, 들기름을 두르고
버섯의 겉면에 구운 색이 나도록 센 불에서
3~4분간 재빠르게 볶은 후 접시에 펼쳐둔다.

3

볼에 양념 재료를 섞는다.

4

뜨겁게 달군 팬에 버섯, 쪽파, ③의 양념을 넣고
센 불에서 1~2분간 재빠르게 수분을 날려가며
볶는다. 통깨, 참기름, 후춧가루를 넣고
골고루 섞는다.

나른한 봄에 비타민C 충전해주는

마늘종 쇠고기볶음

- 3~4회분
- 15~20분

- 마늘종 2와 1/2줌(250g)
- 다진 쇠고기 150g
- 포도씨유 1과 1/2큰술
- 통깨 1큰술
- 참기름 2작은술
- 후춧가루 약간

양념
- 양조간장 2큰술
- 참치액 1/2큰술
- 맛술 3큰술
- 올리고당 1큰술
- 다진 생강 1/2작은술

명랑쌤 비법 제철 마늘종 맛있게 즐기기

봄이 되면 풋마늘대가 가장 먼저 나오고 이어서 마늘종, 마늘을 만날 수 있어요.
마늘종은 봄철에만 아주 짧은 기간 볼 수 있는데, 면역력 증진에 특히 도움을 줍니다.
게다가 특유의 알싸한 맛이 있어서 마늘종 요리에는 다진 마늘은 더하지 않아도 돼요.
마늘종이 두꺼운 경우 과정 ②에서 뚜껑을 덮어 속까지 충분히 익히세요.

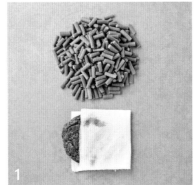

1. 마늘종은 2cm 길이로 썬다.
쇠고기는 키친타월로 감싸
핏물을 없앤다.

2. 달군 팬에 포도씨유를 두르고
마늘종, 쇠고기를 넣어
중간 불에서 2~3분간 볶는다.

3. 양조간장, 참치액, 맛술을 넣고
수분이 없어질 때까지 3~4분간 볶는다.

4. 올리고당, 다진 생강을 넣고
센 불로 올려 1~2분간 볶는다.
통깨, 참기름, 후춧가루를 넣고 섞는다.

tip — 다진 쇠고기를 다른 재료로 대체하기
동량의 다진 돼지고기,
건새우(1컵)으로 대체해도 돼요.

냉장
1개월

고추장 범벅 쇠고기볶음

🥢 10회분

🕐 20~30분 (+ 쇠고기 재우기 30분)

- 쇠고기 불고기용 200g
- 구운 잣 3큰술
- 통깨 2큰술
- 참기름 1과 1/2큰술

고기 밑간
- 설탕 1큰술
- 양파 간 것 2큰술
- 다진 마늘 1큰술
- 청주 1큰술
- 포도씨유 1/2큰술

양념
- 고추장 2/3컵(약 150g)
- 양조간장 1큰술
- 올리고당 약 3과 1/3큰술(50g)
- 후춧가루 약간

tip ― **잣은 타지 않게 굽기**
기름기가 많아 쉽게 탈 수 있으니
은은하게 달군 팬에 잣을 넣고
약한 불에서 4~5분간 타지 않게
저으면서 볶으세요.

■ 명랑쌤 비법 냉장해도 뻣뻣해지지 않는 고기 밑반찬 만들기

고기 밑간 재료 속 설탕, 마늘, 양파, 청주 등은 고기를 연하게 해줘요.
돼지고기나 쇠고기를 양념에 재우거나 볶기 전에 밑간에 버무려 30분 정도 재워두면
밑반찬으로 만들어 냉장 보관해도 고기가 뻣뻣해지지 않아요.

1 쇠고기는 키친타월로 감싸
핏물을 없앤 후 3×3cm 크기로 썬다.
밑간 재료와 버무려 30분간 재워둔다.

2 볼에 양념 재료를 섞는다.

3 달군 팬에 ①의 쇠고기를 넣고 센 불에서
고기가 80% 정도 익을 때까지
1분간 볶은 후 양념을 넣는다.

4 뚜껑을 덮고 아주 약한 불로 줄여
중간중간 저어가며 15분간 익힌다.

5 구운 잣, 통깨, 참기름을 넣어 섞는다.

시래기 쇠고기볶음

🍽 3~4회분

⏱ 30~40분

- 삶은 시래기 400g
- 쇠고기 불고기용 150g
- 대파 20cm
- 통깨 2큰술
- 다시마국물 2컵(400㎖)
  * 만들기 18쪽

시래기 양념
- 다진 마늘 1과 1/2큰술
- 양조간장 1큰술
- 참치액 1큰술
- 맛술 2큰술
- 들기름 3큰술
- 다진 생강 1/2작은술

고기 밑간
- 청주 1큰술
- 설탕 1작은술
- 다진 파 2작은술
- 다진 마늘 1작은술
- 양조간장 2작은술
- 참기름 1작은술
- 후춧가루 약간

■ **명랑쌤 비법**
건시래기를 샀다면?
쌀뜨물로 잡내 없이 부드럽게 삶기

1 건시래기는 따뜻한 물에 담가 5시간 불린다. 여러 번 물을 바꿔가며 헹군다.
2 냄비에 불린 시래기를 넣고 쌀뜨물을 넉넉히 부어 약한 불에서 40~50분간 삶은 후 그대로 식힌다. 쌀뜨물은 쌀을 씻으면 나오는 뽀얀 물로 보통 3~4번째 씻었을 때 나오는 물을 쓴다.
3 찬물에 1~2회 헹군다.

1 2 3

1

삶은 시래기는 5~6cm 길이로 썬다.
대파는 어슷 썬다. 쇠고기는 2cm 두께로
채 썬 후 키친타월로 감싸 핏물을 없앤다.
* 삶은 시래기가 뻣뻣하다면 줄기의 껍질을
벗기고, 부드럽다면 벗기지 않아도 돼요.

2

시래기는 물기를 꽉 짠 후
시래기 양념에 버무린다.

3

①의 쇠고기는 고기 밑간 재료에 버무린다.

깊은 팬에 쇠고기를 넣어 센 불에서
1~2분간 볶은 후 시래기를 넣고
중약 불로 줄여 5분간 볶는다.

다시마국물을 붓고 약한 불로 줄인다.
뚜껑을 덮어 국물이 자작해질 때까지
20분간 익힌다. * 시래기를 씹었을 때
부드러우면 돼요. 약간 질기면 다시마국물
1/2컵을 더해가며 푹 익혀요.

대파, 통깨를 넣고 섞은 후 불을 끈다.

은근 어려웠던 이 반찬, 비법으로 완전 정복

미역줄기볶음

🥄 5~6회분

🕐 30~35분
(+ 찬물에 미역줄기 담가두기 15분)

- 염장 미역줄기 300g
- 양파 1/2개(100g)
- 당근 1/5개(40g)
- 다진 마늘 2큰술
- 포도씨유 1큰술
- 들기름 1큰술
- 소금 약간
- 통깨 1큰술
- 참기름 1큰술
- 후춧가루 약간

양념
- 청주 2큰술
- 매실청 1큰술
- 참치액 1작은술
- 다시마국물 1/3컵(약 70mℓ)
  * 만들기 18쪽

▋ **명랑쌤 비법 염장 미역줄기의 간은 맨 마지막에 맞추기**
미역줄기볶음의 간은 과정 ①, ②에서 없앤 염분의 양에 따라 결정돼요.
마무리하기 전, 과정 ⑦에서 부족한 간을 꼭 확인하세요.

염장 미역줄기는 소금을 털고
찬물(10컵 이상)에 2회 헹군다.

넉넉한 찬물에 15~20분 정도 담가둔다.
이때, 중간에 물을 1~2회 갈아준다.

체에 밭쳐 물기를 없앤다.

미역줄기는 끓는 물(4컵)에 넣고 1분간 데친다.
찬물에 헹군 후 체에 밭쳐 물기를 없앤다.

볼에 양념 재료를 섞는다.
미역줄기는 7~8cm 길이로 썬다.
양파는 0.5cm 두께로,
당근은 가늘게 채 썬다.

달군 팬에 포도씨유, 들기름, 다진 마늘, 양파,
미역줄기를 넣고 센 불에서 3~4분간 볶는다.

⑤의 양념, 당근을 넣고 섞은 후 뚜껑을 덮어
국물이 없어질 때까지 중간 불에서 3~4분간
익힌다. 부족한 간은 소금으로 맞추고
통깨, 참기름, 후춧가루를 넣고 섞는다.

조림

조림 밑반찬은 재료에 양념이 충분히 배어들도록 약한 불에서 끓여주세요.
국물이 자작하게 있어 슥슥 밥을 비벼 먹기에도 좋아요.

명랑쌤이 알려주는 조림 밑반찬 기본 비법

감자, 당근은 부서지지 않게 절이거나 둥글게 깎아요.

감자, 당근 등은 조리는 도중
서로 부딪혀 부서질 수 있어요.
소금물에 절이면 간도 배고
덜 부서지면서 부드럽게 잘 익지요.
모서리를 둥글게 깎는 것도 좋아요.

고기, 해산물은 잡내와 기름기를 미리 제거하세요.

쇠고기, 돼지고기, 닭봉, 명란,
코다리 등은 미리 핏물 빼기,
쌀뜨물에 담가두기, 데치기 등의
전처리를 해서 잡내의 원인을
싹 없애고 요리하세요.

재료가 국물에 잠겨야 맛이 잘 배요.

조림은 재료에 맛이 스며들기 전에
국물부터 졸아들어요. 따라서
조림 양념 국물의 양을 넉넉하게
해야 합니다. 재료 및 양념 넣는
순서도 꼭 지키세요.

센 불에서 끓이고 약한 불에서 조리세요.

처음부터 약한 불로 하면 재료가
잘 익지 않으니 우선 센 불에서
국물을 바글바글 끓인 다음
불을 줄여 자작자작 끓이세요.

요리에 따라 뚜껑을 열거나 덮으세요.

약한 불에서 오래 조리는 경우에는
수분 증발을 막기 위해 뚜껑을
덮고, 육류와 해산물은 잡내가
날아가도록 뚜껑을 살짝 열고
조리세요.

생선 조림 시 조림 양념을 자주 끼얹으세요.

조림 양념이 졸아 들어서 생선에
골고루 닿지 않을 수 있어요.
이때는 생선을 뒤집지 말고
국자로 조심스럽게 국물을 떠서
생선에 자주 끼얹으세요.

꼴뚜기 땅콩조림
레시피 59쪽

서리태콩조림
레시피 61쪽

건새우 고추장조림
레시피 60쪽

매콤한 청양고추가 침샘 자극하는 SNS 인기 반찬

꼴뚜기 땅콩조림

◎ 6~7회분
🕐 30~35분

- 건꼴뚜기 2컵(100g)
- 생땅콩 약 1컵(100g)
- 청양고추 2개
- 통깨 1작은술
- 참기름 1작은술

양념
- 설탕 1과 1/2큰술
- 맛술 2큰술
- 올리고당 2큰술
- 양조간장 2작은술
- 참치액 2/3작은술
- 다시마국물 1컵(200㎖)
  * 만들기 18쪽

명랑쌤 비법 1 생땅콩은 삶아서 떫은맛 없애기

반찬에 볶은 땅콩을 더하면 양념이 잘 배지 않고 조리할 때 속껍질이 벗겨지면서 지저분해져요. 그래서 볶지 않은 생땅콩을 많이 사용하지요. 단, 생땅콩의 속껍질에는 떫은맛이 나기 때문에 찬물에 넣고 한 번 삶은 후 요리에 더하세요.

명랑쌤 비법 2 무를 넣어 부드럽게 즐기기

꼴뚜기 조림을 냉장 보관하면 조금 단단해지는데요, 이 식감을 좋아하는 분들도 있지만 계속 부드럽게 먹기를 원한다면 무(50g)를 건꼴뚜기 크기로 썰어 과정 ③에 함께 넣고 끓이세요.

1

냄비에 생땅콩, 물(7컵)을 넣고 중간 불에서 20분간 삶은 후 체에 밭쳐 물기를 없앤다.
* 삶으면 떫은맛이 없어져요.

2

건꼴뚜기는 찬물에 10분간 담가둔 후 여러 번 헹궈 체에 밭쳐 물기를 없앤다. 청양고추는 1cm 두께로 송송 썬다. * 건꼴뚜기는 모래가 많이 묻어있으니 꼼꼼히 헹구세요.

3

깊은 팬에 양념 재료를 넣고 센 불에서 끓어오르면 건꼴뚜기, 생땅콩을 넣는다. 양념이 거의 없어질 때까지 중약 불에서 7~10분간 중간중간 섞어가며 끓인다.

4

전체적으로 윤기가 나면 청양고추를 넣고 1분간 조린다. 통깨, 참기름을 넣고 불을 끈다.

tip — 아이용으로 만들기
청양고추는 생략하세요.

건새우의 진한 풍미에 자꾸만 손이 가는

건새우 고추장조림

◎ 10회분

⏱ 15~20분

- 건새우 5컵(150g)
- 다진 마늘 1큰술
- 포도씨유 2큰술
- 통깨 1큰술
- 송송 썬 쪽파 2큰술
- 참기름 1큰술

양념
- 설탕 1큰술
- 양조간장 1큰술
- 맛술 2큰술
- 올리고당 1큰술
- 고추장 2큰술

tip — **아이용으로 만들기**
양념을 잔멸치 아몬드볶음의 양념
(30쪽)으로 대체하세요.

명랑쌤 비법 미리 건새우 볶아 잡내 없애기
건새우를 기름을 두르지 않은 팬에 바삭하게 볶으면 비린내는 물론,
특유의 냄새까지 없어져서 깔끔한 맛으로 만들 수 있어요.

1 기름을 두르지 않은 팬에 건새우를 넣고
아주 약한 불에서 7~8분간 바삭하게 볶는다.

2 체에 밭쳐 가루를 털어낸다.

3 볼에 양념 재료를 섞는다.

4 달군 깊은 팬에 포도씨유, 다진 마늘을 넣고
중간 불에서 30초간 볶는다.
③의 양념을 넣고 센 불로 올려 끓인다.

5 ④가 끓어오르면 ②의 건새우를 넣고
약한 불로 줄여 1~2분 더 볶은 후
통깨, 송송 썬 쪽파, 참기름을 넣고 섞는다.

냉장
2주

단백질로 똘똘 뭉친 도시락 반찬계의 스테디셀러
서리태콩조림

◎ 10회분

⏱ 35~45분 (+ 검은콩 불리기 2시간)

- 검은콩(서리태) 약 1과 1/3컵(200g)
- 생수 4와 1/4컵(850㎖)
- 다시마 10×10cm

- 통깨 1작은술
- 참기름 1작은술

양념
- 설탕 3큰술
- 양조간장 4큰술
- 올리고당(또는 물엿) 2큰술

▌ **명랑쌤 비법**
국물 남겨 부드럽게 즐기기
콩조림은 냉장 보관하면 단단해져요.
부드럽게 즐기려면 과정 ④에서
국물을 넉넉하게 남겨 보관할 때
국물에 잠기도록 하세요.

1 검은콩은 물에 담가
비벼가면서 3~4회 헹군다.

2 생수에 검은콩, 다시마를 넣고
2시간 불린다.

불리기 전 / 불린 후

3 ②의 불린 콩, 콩 불린 물을 모두 냄비에 넣고
중간 불에서 13~15분간 중간중간
거품을 걷어가며 끓인다.

4 설탕, 양조간장을 넣고 뚜껑을 덮고
냄비 바닥에 국물이 남을 때까지 중약 불에서
15~20분간 중간중간 뒤적이며 끓인다.

5 올리고당을 넣고 뚜껑을 열어
센 불에서 1분 30초간 조린다.
* 과정 ④보다 윤기가 나요.

6 국물이 자작하게 졸아들면
통깨, 참기름을 넣고 섞는다.

쫀득쫀득, 윤기 좔좔 소문난 반찬가게에서 맛본
연근조림

🎯 3~4회분
🕐 40~50분

- 연근 지름 5cm, 길이 24cm(400g)
- 황색 올리고당 4큰술
  (또는 황물엿, 물엿, 올리고당)
- 통깨 2작은술
- 참기름 2작은술

양념
- 황설탕 2큰술
- 양조간장 2와 1/2큰술
- 참치액 1큰술
- 다진 생강 1작은술
- 맛술 1/4컵(50㎖)
- 다시마국물 2컵(400㎖)
  * 만들기 18쪽

명랑쌤 비법 1 보기 좋고 맛도 좋아지는 비결은 황색 올리고당

황색 올리고당(또는 황물엿)에는 소량의 캐러멜 성분이 함유되어 있어 연근조림의 색깔이
더욱 먹음직스러워져요. 식감도 쫀득쫀득하게 해줘서 냉장실에 오래 보관해도
맛이 잘 변하지 않는답니다. 일반 올리고당이나 물엿으로 대체해도 돼요.

명랑쌤 비법 2 팬을 돌려 연근이 부서지는 것 막기

과정 ③에서 연근을 조릴 때 뒤적이는 횟수를 줄이고 팬을 들어 불 위에서 둥글게 돌리세요.
팬 전체에 열이 고루 전달되고 연근에 전달되는 충격이 적어서 덜 부서져요.

1
연근은 솔로 껍질을 살살 벗겨낸 후
1cm 두께로 썬다.

2
끓는 물(5컵) + 식초(1큰술)에 연근을 10분간
삶는다. 찬물에 헹군 후 체에 밭쳐 물기를
없앤다. * 연근을 헹구면 전분기가 없어져
조릴 때 타는 것을 막을 수 있어요.

3
깊은 팬에 양념 재료를 넣고 센 불에서
끓어오르면 연근을 넣고 뚜껑을 덮는다.
약한 불로 줄여 25분간 중간중간 팬을
둥글게 돌려가며 조린다. 이때
연근이 부서지지 않게 주의한다.

4
수분이 줄어들면 올리고당을 넣고
중간 불로 올려 뚜껑을 열고 수분이 없어지고
끈적끈적한 실이 생길 때까지 6~9분간
조린다. 통깨, 참기름을 넣는다.

다양한 재료를 골라먹는 재미가 있는 밑반찬

연근 곤약 어묵조림

◎ 3~4회분
⏱ 30~40분

- 연근 지름 5cm, 길이 12cm(200g)
- 당근 1/5개(40g)
- 곤약 150g
- 어묵 200g
  * 납작한 사각어묵보다 둥근 모양이나
  도톰한 어묵을 추천해요.
- 꽈리고추 10개
- 올리고당 1큰술
- 포도씨유 2큰술
- 통깨 1큰술
- 참기름 1작은술

양념
- 설탕 1큰술
- 맛술 2큰술
- 양조간장 2큰술
- 다진 생강 1작은술
- 참치액 2작은술
- 다시마국물 3/4컵(150㎖)
  * 만들기 18쪽

tip — 아이용으로 만들기
꽈리고추를 생략하거나
동량의 피망으로 대체하세요.

▌명랑쌤 비법 올리고당으로 반지르르 윤기 내기
국물이 졸아든 후 과정 ⑤에서 올리고당을 넣어야 윤기 나는 조림을 만들 수 있어요.
기호에 따라 양을 조절하세요.

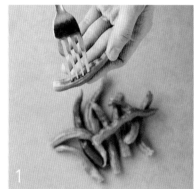

1
꽈리고추는 꼭지를 떼고
포크로 구멍을 뚫는다.
* 꽈리고추에 구멍을 뚫으면
양념이 속까지 잘 배요.

2
연근, 당근, 곤약, 어묵은 3×3cm 크기로
썬다. 끓는 물에 다음 시간대로 각각 데친 후
건져둔다. (연근: 3~4분, 당근: 1~2분,
곤약·어묵: 각각 30초) * 어묵은 기름기가
있으니 반드시 마지막에 따로 데치세요.

3
뜨겁게 달군 깊은 팬에 포도씨유를 두르고
연근, 당근을 넣어 중간 불에서 5분간 볶는다.

4
곤약, 어묵, 양념 재료를 넣고 끓어오르면
뚜껑을 덮고 중약 불에서 12~15분간
중간중간 저어가며 조린다. * 수분이
부족하면 다시마국물 2~3큰술을 더하세요.

5
국물이 줄어들면 센 불로 올려
꽈리고추, 올리고당, 통깨, 참기름을
넣고 섞는다. * 꽈리고추는 아주 살짝
숨이 죽을 정도로만 익히면 돼요.

냉장
4~5일

매운 감자 꽈리고추조림

🍚 3~4회분

🕐 40~45분

- 감자 2와 1/2개(500g)
- 양파 3/4개(150g)
- 꽈리고추 15개
- 마늘 3쪽
- 포도씨유 1큰술
- 고추기름 1큰술
- 통깨 1큰술
- 참기름 1작은술

양념
- 고춧가루 1~2큰술(기호에 따라 가감)
- 양조간장 2큰술
- 맛술 2큰술
- 참치액 1큰술
- 매실청 2큰술
- 고추장 1큰술
- 다시마국물 1/2컵(100㎖)
  * 만들기 18쪽

tip — **아이용으로 만들기**
꽈리고추는 피망으로,
고추기름은 포도씨유로 대체하고
고춧가루는 생략하세요.

명랑쌤 비법 감자는 부서지지 않게 익히기
감자는 크기를 최대한 똑같게 썰어야 익는 속도를 맞출 수 있어요.
감자를 미리 소금물에 15~20분 정도 담가두면 먹기 좋을 만큼 단단해지고
조리는 도중 덜 부서져서 반찬이 깔끔하게 완성돼요.

1
감자는 한입 크기로 썬다.
물(5컵) + 소금(2큰술)에 15~20분간
담가둔다. 체에 밭쳐 물기를 없앤다.

2
양파, 꽈리고추는 한입 크기로 썬다.
마늘은 편 썬다. 볼에 양념 재료를 섞는다.

3
달군 깊은 팬에 포도씨유, 고추기름을 두르고
감자, 양파, 마늘을 넣어 구운 색이
살짝 날 때까지 센 불에서 3~4분간 볶는다.

4
②의 양념을 넣고 뚜껑을 덮어 중약 불에서
8~10분간 중간중간 저어가며 익힌다.

5
국물이 거의 없어지면 뚜껑을 열고
꽈리고추, 통깨, 참기름을 넣고 1~2분간
조린 후 불을 끈다. * 꽈리고추는 아주
살짝 숨이 죽을 정도로만 익히면 돼요.

영양 균형까지 딱 맞춘 고급스러운 맛

일본식 쇠고기 감자조림

⊙ 3~4회분

⏱ 30~35분
(+ 감자, 당근 소금물에 담가두기 30분)

- 쇠고기 불고기용 200g
- 감자 2와 1/2개(500g)
- 당근 3/4개(150g)
- 양파 3/4개(150g)
- 포도씨유 2큰술

양념
- 송송 썬 청양고추 1개
- 설탕 2큰술
- 맛술 3큰술
- 양조간장 2큰술
- 참치액 1큰술
- 후춧가루 약간
- 다시마 10×10cm
- 물 1과 3/4컵(350㎖)

| 명랑쌤 비법 감자, 당근의 모양과 맛 지키기

당근은 감자보다 익는 시간이 더 오래 걸리므로 조금 작게 썰어주세요.
감자와 당근은 모서리를 둥글게 깎으면 조릴 때 서로 부딪혀도 잘 으깨지지 않아요.
미리 감자와 당근을 소금물에 담가두면 수분이 살짝 없어지면서 조릴 때 덜 부서져요.

1

볼에 양념 재료를 섞는다.

2

모든 재료는 한입 크기로 썬다. 감자, 당근은
모서리를 둥글게 깎는다. 쇠고기는
키친타월로 감싸 핏물을 없앤다.

3

물(5컵) + 소금(2큰술)에 감자, 당근을
30분간 담가둔다. 체에 밭쳐 물기를 없앤다.

4

깊은 팬에 포도씨유를 두르고 쇠고기, 양파를
넣고 중간 불에서 3~4분간 볶는다.
감자, 당근을 넣어 3~4분간 더 볶는다.
＊팬을 달구지 않고 바로 재료를 넣어
볶으세요.

5

①의 양념을 넣고 1분간 끓인 후 다시마는
건진다. 뚜껑을 덮고 국물이 거의 졸아들 때까지
중간중간 저어가며 15~20분간 조린다.
＊불을 끈 후 뚜껑을 덮고 3~4분간
뜸을 들이면 재료 속까지 잘 익어요.

[감자 크로켓으로 즐기기]

tip ─ **감자 크로켓으로 즐기기**
　　　일본식 쇠고기 감자조림은 일본 가정식 요리 중 하나예요.
　　　현지에서는 먹고 남은 것을 크로켓으로 만들기도 하지요.
　　　먹고 남은 감자, 당근을 포크로 으깬 후 원하는 크기로 동그랗게 뭉칩니다.
　　　밀가루 → 달걀 → 빵가루 순으로 입혀 달군 기름에 3~4분간 노릇하게 튀기면 돼요.

일품 요리 못지않은 푸짐한 비주얼의 밑반찬

알감자 닭봉조림

🕐 3~4회분
⏱ 45~55분

- 닭봉 500g
- 알감자 8~12개(300g)
- 올리고당 3큰술
- 후춧가루 1/3작은술
- 참기름 2작은술
- 송송 썬 청양고추 1~2개

양념
- 대파 5cm 2개
- 편 썬 생강 2조각
- 맛술 3큰술
- 양조간장 2큰술
- 참치액 1큰술
- 다시마국물 2와 1/2컵(500㎖)
  * 만들기 18쪽

tip ─ **아이용으로 만들기**
청양고추는 생략하세요.

▎ **명랑쌤 비법 1 알감자의 흙을 깨끗하게 없애기**
알감자에 묻은 흙은 두 번에 걸쳐서 없앨 수 있어요. 과정 ①에서 물에 살살 비벼가며 헹굴 때,
과정 ②에서 데칠 때인데요. 특히 과정 ②에서는 껍질 깊숙이 박힌 흙까지 없앨 수 있답니다.

명랑쌤 비법 2 닭봉 미리 데쳐서 깔끔한 맛 내기
닭봉을 조리기 전에 따로 데치면 기름기와 잡내가 없어져서 더 깔끔한 조림이 완성돼요.

1
알감자는 물에 5분간 불린 후 살살 비벼가며
여러 번 헹궈 흙을 없앤다.

2
끓는 물(10컵) + 소금(1큰술)에 알감자를
넣고 3분간 데친다. 찬물에 헹궈 체에 밭쳐
물기를 없앤다.

3
닭봉은 끓는 물(10컵) + 청주(2큰술)에
5분간 데친다. 찬물에 헹궈 체에 밭쳐
물기를 없앤다.

4
냄비에 양념 재료를 섞은 후 닭봉, 알감자를
넣는다. 뚜껑을 열고 센 불에서 끓어오르면
중간 불로 줄여 알감자가 익고
국물이 1/4정도 남을 때까지
중간중간 저어가며 20~25분간 조린다.
* 거품이 떠오르면 걷어내세요.

5
대파, 생강을 건진 후
올리고당, 후춧가루를 넣고
센 불에서 뚜껑을 열어
윤기나게 2~3분간 조린다.
참기름, 청양고추를 넣고 섞는다.

쉽고, 맛있고, 새롭고! 그 유명한 마성의 밑반찬

반숙 달걀장조림

◎ 5회분

⏱ 30~40분 (+ 달걀 숙성하기 5시간)

- 달걀 10개(실온에 1시간 이상 둔 것)
- 대파 흰 부분 15cm
- 양파 1/2개(100g)
- 청양고추 1개
- 홍고추 1개
- 편 썬 마늘 2쪽 분량
- 통깨 1큰술
- 참기름 1큰술
- 고추기름 2작은술

재움 간장
- 설탕 2/3컵(100g)
- 물 1과 1/2컵(300㎖)
- 양조간장 1컵(200㎖)
- 다시마 5×5cm 2장

tip ─ **아이용으로 만들기**
청양고추, 고추기름은
생략하세요.

명랑쌤 비법 달걀은 삶기 전에 미리 꺼내두기

달걀 삶는 시간은 달걀 온도에 따라 결정돼요. 달걀을 1시간 정도 미리 실온에 꺼내두면 달걀끼리 온도가 같아져서 삶는 시간을 일정하게 맞출 수 있지요.

1

냄비에 재움 간장 재료를 넣고 약한 불에서 5분간 끓인 후 다시마는 건져낸다. 볼에 덜어 차게 식힌다.

2

냄비에 달걀, 물(7컵), 소금(1큰술), 식초(1큰술)를 넣고 센 불에서 11~12분간 삶는다.

3

찬물에 담가 식힌 후 껍질을 벗긴다.

4

양파는 1×1cm 크기로 썬다. 대파, 고추는 얇게 송송 썬다. 마늘은 얇게 편 썬다.

5

반찬통에 ①, 통깨, 참기름, 고추기름을 섞은 후 ③, ④를 넣어 냉장실에서 5시간 숙성시킨다.

냉장 1주

담백하고 고소해서 어른 아이 모두 좋아하는

돼지고기 메추리알장조림

🍳 6~7회분

🕐 20~30분
(+ 돼지고기 찬물에 담가두기 30분)

- 돼지고기 400g
  (안심, 등심, 목살, 통삼겹살 등)
- 삶은 메추리알 30알(약 300g)
- 청양고추 2~3개
- 대파 흰 부분 10cm 2대
- 편 썬 생강 3조각

조림 간장
- 국간장 1큰술
- 매실청 3큰술
- 양조간장 1/3컵(약 70㎖)
- 청주 1/4컵(50㎖)
- 맛술 1/4컵(50㎖)
- 다시마국물 1과 1/4컵(250㎖)
  * 만들기 18쪽

tip — **아이용으로 만들기**
청양고추는 생략하세요.

명랑쌤 비법 돼지고기 잡내 없애기

고기 잡내의 원인 중 하나가 바로 고기 핏물이에요. 최대한 없앤 후 요리해야
깔끔한 맛이 된답니다. 특히 장조림은 냉장고에 두고 오래 먹는 것이니 더 신경 써야 하지요.
요리 전 돼지고기를 찬물에 30분 정도 담가 핏물을 최대한 없애도록 하세요.
조릴 때는 조림 간장 재료와 처음부터 같이 넣고, 끓일 때 떠오르는 거품은
불순물이므로 최대한 걷어내세요.

1 청양고추는 1.5cm 두께로 송송 썬다.
돼지고기는 한입 크기로 썬다.

2 돼지고기는 찬물에 30분 이상 담가
핏물을 없앤 후 체에 밭쳐 물기를 없앤다.

3 냄비에 돼지고기, 대파, 생강,
조림 간장 재료를 넣고 센 불에서
끓어오르면 약한 불로 줄여 12~13분간
거품을 계속 걷어가며 끓인다.

4 고기가 익으면 메추리알을 넣고 뚜껑을 덮어
중약 불에서 국물이 반 정도 줄어들 때까지
4~5분간 끓인다. * 메추리알 노른자가
터지면 국물이 탁해지므로 부서지지 않게
주의하세요.

5 청양고추를 넣고 뚜껑을 덮어 약한 불에서
3분간 뜸들이듯이 끓인 후 불을 끄고
대파, 생강을 건진다.

tip — **다른 재료로 대체 & 활용하기**
　　돼지고기를 쇠고기의 부드러운 부위(안심, 등심, 채끝)로 대체할 수 있어요.
　　기호에 따라 새송이버섯(1개)을 한입 크기로 썰어 과정 ④에 넣거나, 깻잎을 마지막에 넣어도 좋아요.

　　보관 기간 늘리기
　　3~4일 지난 후 간장만 따라내서 다시 팔팔 끓여 부어주면 더 오래 먹을 수 있어요.

개운하고 구수한 맛이 일품

황태 콩나물 무조림

- 3~4회분
- 15~25분

- 황태포 1마리(약 60g)
- 콩나물 4줌(200g)
- 무 지름 10cm, 두께 2cm(200g)
- 다진 마늘 1큰술
- 들기름 1큰술
- 포도씨유 1/2큰술
- 다시마 10×10cm
- 물 1컵(200㎖)
- 통깨 1큰술
- 참기름 1/2큰술

양념
- 어슷 썬 대파 15cm
- 맛술 1큰술
- 국간장 2작은술
- 참치액 1작은술
- 소금 약간

명랑쌤 비법 식감을 유지하는 세 가지 방법

황태채는 조리 과정 중에 부스러질 수 있으니 꼭 황태포로 만드세요.
무를 너무 가늘게 채 썰면 부서지므로 두께를 지켜주세요.
완성된 반찬을 재빨리 식혀서 냉장실에 넣으면
콩나물과 무가 물러지지 않아 식감을 오래 즐길 수 있어요.

1 볼에 양념 재료를 섞는다.

2 황태포는 물에 헹궈 머리와 꼬리를 잘라내고
4×4cm 크기로 자른다.
무는 0.7cm 두께로 채 썬다.
* 무는 굵은 채칼로 썰어도 돼요.

3 깊은 팬에 들기름, 포도씨유를 두르고
다진 마늘을 넣어 중약 불에서 1분간 볶는다.
콩나물, 무, 황태포, 다시마, 물을 넣고 뚜껑을
덮어 중간 불에서 4분간 뒤적여가며 끓인다.

4 ①의 양념을 넣고 섞어 뚜껑을 덮고
2분간 익힌 후 통깨, 참기름을 넣는다.

5 넓은 접시에 펼쳐 식힌다.

코다리도, 감칠맛 품은 무도 특급 별미

코다리 무조림

⊘ 4~5회분

🕐 35~45분
　　(+ 코다리 쌀뜨물에 담가두기 30분)

- 손질 코다리 450g
  (머리를 제외한 중간 크기 2~3마리)
- 무 지름 10cm, 두께 4.5cm(450g)
- 양파 1/2개(100g)
- 대파 20cm
- 청양고추 2개
- 홍고추 2개
- 다시마국물 3컵(600㎖)
  * 만들기 18쪽

양념
- 고춧가루 3큰술
- 다진 마늘 2큰술
- 맛술 4큰술
- 양조간장 3과 1/3큰술(50㎖)
- 청주 2큰술
- 참치액 1큰술
- 참기름 1큰술
- 다진 생강 2작은술
- 후춧가루 약간

▌**명랑쌤 비법 코다리 비린내 없애기**

코다리는 명태를 손질해 반건조시킨 것으로 쫄깃한 식감과 풍부한 단백질이 특징이에요.
단, 특유의 비린내가 있으니 내장이 있던 자리의 검은 막을 떼어내고,
요리 전 30분 정도 쌀뜨물에 담가두세요.
냉동된 것을 구입했다면 이때 해동도 자연스럽게 할 수 있답니다.

손질 코다리는 6cm 크기로 썬다.

* 내장이 있었던 자리에 검은 막이
붙어있다면 떼어내요.

코다리는 쌀뜨물에 30분간 담가둔 후 체에 밭쳐
물기를 없앤다. 볼에 양념 재료를 섞는다.

* 쌀뜨물은 쌀을 씻으면 나오는 뿌얀 물로
보통 3~4번째 씻었을 때 나오는 물을 사용해요.

무는 1.5cm 두께의 부채꼴 모양으로 썰고,
양파는 1cm 두께로 채 썬다.
대파, 고추는 어슷 썬다.

냄비에 무, 다시마국물, ②의 양념 1/3 분량을
넣고 뚜껑을 덮어 중약 불에서
무가 익을 때까지 15분간 끓인다.

④에 코다리 → 양파 → 대파 → 고추 →
②의 남은 양념 순으로 담고 뚜껑을 반만 덮어
국물을 끼얹어가며 중간 불에서 15분간 조린다.
* 국물을 끼얹을 때 코다리가 부서지지 않도록
주의하세요.

tip — 코다리 간단하게 손질하기

1 칼로 비늘을 긁어 없앤다.
2 가위로 지느러미, 머리를 자른다.
3 꼬리를 자른다.
  * 손질 토막 냉동 코다리를 구입하면 편해요.

1

2

3

알탕으로만 먹던 명란의 이색 변신

명란 고추 간장조림

🕒 5~6회분

⏱ 25~35분

- 건표고버섯 3개
  (또는 새송이버섯, 표고버섯 1개)
- 해동한 명란 400g
- 꽈리고추 10개
- 홍고추 1개
- 청양고추 2개

양념
- 편 썬 생강 4조각
- 대파 흰 부분 10cm
- 맛술 2큰술
- 청주 2큰술
- 참치액 1큰술
- 올리고당 2큰술
- 양조간장 약 1/2컵(70㎖)
- 다시마국물 2컵(400㎖)
  * 만들기 18쪽

명랑쌤 비법 1 명란 제대로 구입하기

명란 고추 간장조림에 사용한 명란은 일반적인 명란젓이 아닌
마트 냉동 코너에서 판매하는 간이 안 된 제품이에요. 꼭 확인하세요!

명랑쌤 비법 2 명란 비린내 없애기

시판되는 명란은 냉동한 것을 해동한 제품으로 특유의 비린내가 있어요. 요리 전에
청주를 넣은 물에 데치면 불순물과 비린내가 없어져 훨씬 더 깔끔한 맛으로 즐길 수 있어요.

1 건표고버섯은 미지근한 물에 10~15분간
불린 후 밑동을 자르고 4등분한다.
꽈리고추는 꼭지를 떼고 2등분한다.
청양고추, 홍고추는 2cm 길이로 썬다.

2 끓는 물(7컵) + 청주(3큰술)에 명란을 넣어
2분간 데친 후 체에 밭쳐 물기를 없앤다.

3 씻은 냄비에 양념 재료를 넣고 센 불에서
끓어오르면 명란, 표고버섯을 넣는다.
뚜껑을 반만 덮고 중약 불로 줄여
15분간 끓인다.

4 국물이 반 정도 줄어들면 꽈리고추,
홍고추, 청양고추를 넣고 뚜껑을 반만 덮어
5분간 더 익힌다. * 뚜껑을 완전히 덮으면
고추의 색이 탁해져요.

5 생강, 대파는 건진다.

tip — **보관 기간 늘리기**
3~4일 지난 후 그대로 다시 냄비에 넣어
팔팔 끓이면 더 오래 먹을 수 있어요.

아이용으로 만들기
청양고추는 생략하세요.

칼슘과 철분이 풍부해 성장기 아이들에게 제격

톳조림

⊙ 5~6회분

⏱ 15~20분
　(+ 생톳 물에 담가두기 20분)

- 생톳 약 7줌
　(350g, 또는 건조톳 50~60g)
　★ 건조톳은 넉넉한 물에 담가
　　30분간 불린 후 30분간 삶으세요.
- 우엉 지름 2cm, 길이 50cm(100g)
- 당근 1/4개(50g)
- 유부 10장
- 포도씨유 2큰술
- 참기름 1큰술

양념
- 설탕 1큰술
- 맛술 3큰술
- 청주 2큰술
- 양조간장 2큰술
- 참치액 1큰술
- 다시마국물 3/4컵(150㎖)
　★ 만들기 18쪽

1 생톳은 물에 20분간 담가 염분을 없앤다.

2 잠길 만큼의 물에 넣고 3~4회 헹궈 체에 밭쳐 물기를 없앤다.

3 7cm 길이로 자른다.

4 유부는 끓는 물(5컵)에 30초간 데친 후 찬물에 헹궈 물기를 짜서 4등분한다.
우엉, 당근은 가늘게 채 썬다.
볼에 양념 재료를 섞는다.
★ 우엉 손질하기 38쪽 참조

5 달군 깊은 팬에 포도씨유를 두르고 톳, 우엉을 넣어 중간 불에서 4~5분간 볶는다.

6 ④의 양념을 넣고 중약 불에서 10분간 볶는다.
당근, 유부를 넣고 국물이 없어질 때까지 5분간 조리듯 볶은 후 참기름을 넣는다.
★ 수분이 부족하면 다시마국물을 약간 더 넣으세요.

tip — **가공식품 건강하게 즐기기**
　　　어묵, 베이컨 등 가공식품은 요리 전에
　　　끓는 물에 데치면 식품 첨가물과 기름기가
　　　없어져서 건강하게 즐길 수 있어요.

조림 밑반찬 ___ 83

냉장 3~4일

고사리 나물 들깨조림

⊙ 5~6회분

⊙ 20~30분

- 삶은 고사리 8줌(400g)
- 대파 20cm
- 들깻가루 약 1/2컵(50g)
- 찹쌀가루 1큰술

양념
- 다진 마늘 2큰술
- 참치액 1큰술
- 국간장 1큰술
- 맛술 1큰술
- 들기름 1큰술
- 후춧가루 약간

다시마물
- 다시마 10×10cm
- 물 2와 1/2컵(500㎖)
  * 만들어둔 다시마국물(18쪽)이 있다면 2와 1/2컵을 넣으세요.

명랑쌤 비법 1 들깻가루는 마지막에 넣기

들깻가루를 초반에 넣고 오래 끓이면 기름이 빠져나와 오히려 풍미가 떨어져요. 마지막에 넣어야 고소한 맛이 살아요.

명랑쌤 비법 2 시판 삶은 고사리는 요리 전 살짝 데치기

일회용기에 담겨 판매하는 삶은 고사리는 대량으로 삶은 후 나눠 포장한 것이에요. 따라서 요리 전 데치면 더욱 깔끔하게 즐길 수 있고, 쉽게 상하지도 않는답니다. 다 익은 것이기에 끓는 물에 살짝만 데치세요.

1 끓는 물(10컵)에 삶은 고사리를 넣고 센 불에서 2~3분간 부드럽게 데친 후 찬물에 헹군다.

2 고사리는 6~8cm 길이로 썰고, 대파는 얇게 어슷 썬다. 볼에 양념 재료를 섞는다.

3 냄비에 다시마물 재료를 넣고 중간 불에서 끓어오르면 다시마는 건진다. 다시마물은 따로 덜어둔다.

4 고사리를 ②의 양념과 버무린다. 달군 냄비에 넣고 센 불에서 3~4분간 볶는다.

5 ③의 다시마물을 붓고 끓어오르면 뚜껑을 덮어 중약 불로 줄여 5분간 익힌다. 대파, 들깻가루, 찹쌀가루를 넣고 2분간 볶듯이 조린다.

tip ― **건고사리 삶아서 사용하기**

1 건고사리는 넉넉한 물에 담가 3~4시간 불린다. 이때, 물을 중간중간 2~3회 정도 갈아준다.

2 냄비에 불린 고사리를 넣고 쌀뜨물을 넉넉히 부어 약한 불에서 30분간 삶는다.

   ＊쌀뜨물이 고사리 특유의 아린 맛을 없애주고, 식감을 더 부드럽게 해줘요.

   ＊쌀뜨물은 쌀을 씻으면 나오는 뽀얀 물로 보통 3~4번째 씻었을 때 나오는 물을 사용하면 돼요.

절임

한꺼번에 많은 양을 만드는 절임 밑반찬은 숙성이 되면서 더 맛이 나요.
숙성 환경을 잘 지키면 두고두고 맛있게 먹을 수 있는 든든한 밑반찬이 완성됩니다.

명랑쌤이 알려주는 절임 밑반찬 기본 비법

재료는 생수나 끓인 물로 씻으세요.

———

재료를 수돗물로 씻으면
저장 기간이 짧아지고 쉽게
상할 수 있어요. 생수나 끓인 물로
씻되 마지막에 다시마국물로
헹구면 감칠맛이 풍부해져요.

재료에 묻은 물기는 완전히 없애주세요.

———

물기로 인해 재료가 잘 절여지지
않거나 미생물이 숙성을 방해할 수
있어요. 체, 키친타월, 면보 등으로
물기를 최대한 없애는 것이
중요해요.

절임의 핵심은 숙성! 숙성 조건을 꼭 지켜주세요.

———

절임 반찬의 맛은 숙성에 달려있어요.
실온 숙성인지 냉장 숙성인지 꼼꼼히
확인하세요. 실온 숙성은 서늘하고
통풍이 잘 되는 그늘에서 해야 해요.
용기에 담가둔 날짜를 적어두면
숙성 및 보관 기간을 지킬 수 있지요.

밀폐용기의 크기를 미리 확인하세요.

———

절임 밑반찬은 한꺼번에 많은
양을 만들고 재료가 절임장에
완전히 잠겨야 하기에 다른 용기로
눌러두는 경우가 있어요.
나중에 당황하지 말고
큰 용기를 미리 준비하세요.

공기 접촉면은 최소화해서 담으세요.

———

걸쭉한 양념을 더한 절임 밑반찬은
재료 사이에 빈 공간이 있으면
유해균이 번식할 수 있어요.
용기에 꾹꾹 눌러 담고 윗면을
랩이나 위생팩으로 밀착시킨 후
뚜껑을 덮으세요.

물이 묻지 않은 도구로 꺼내세요.

———

절임 밑반찬을 꺼내 그릇에
담을 때는 침은 물론, 어떠한 물도
묻지 않은 도구를 사용하세요.
이 성분이 절임장에 섞이면
세균이 번식해 쉽게 상해요.

냉장 10일

짠맛이 강하지 않아 여러 장씩 먹어도 좋은

초간편 깻잎장아찌

◎ 10회분

🕐 35~45분 (+ 숙성하기 1일)

- 깻잎 100장
- 청양고추 5개

절임장
- 멸치액젓 2와 2/3큰술
- 식초 2큰술
- 꿀 1~2큰술
- 양조간장 1/4컵(50mℓ)
- 매실청 1/2컵(100mℓ)

명랑쌤 비법 깻잎 100장 간편하게 깨끗하게 씻기

1 깻잎을 10장씩 잡아 꼭지를 1cm 정도만 남기고 자른다. 넙적하고 큰 볼에 돌려가며 담는다.
2 깻잎이 물 위로 뜨지 않도록 큰 채반을 깻잎 위에 올리고 물을 가득 붓는다.
3 깻잎을 10장씩 꼭지 부분을 잡고 물 속에서 흔들어 씻은 후 다시 물에 담가 채반으로 누른다.
  10~15분 간격으로 4~5회 물을 갈아준다. 이때, 채반으로 깻잎을 누르며 물을 버리면 수월하다.
4 깻잎을 10장씩 꼭지를 잡고 털어 물기를 최대한 없앤다.

깻잎은 씻어서 물기를 없앤다.
청양고추는 1cm 두께로 송송 썬다.
절임장 재료를 섞어둔다.

볼에 청양고추를 넣는다. 깻잎은 10장씩
잎 아랫부분을 잡고 살살 흔들어 벌어지는 틈에
절임장을 조금씩 붓는다. 볼에 깻잎을
돌려가며 엎어 담는다. 이 과정을 반복한다.

tip — 반찬가게 인기 메뉴 깻잎찜으로 즐기기

재료 깻잎 50장
양념 고춧가루 2큰술, 통깨 1큰술,
다진 파 1큰술, 양조간장 2큰술(기호에
따라 가감), 맛술 1큰술, 들기름 2큰술,
다진 마늘 1작은술, 다진 양파 1/4컵,
물 1/4컵, 후춧가루 약간

1 볼에 양념 재료를 섞는다.
2 깻잎은 5장씩 잎 부분을 잡고
  살살 흔들어 벌어지는 틈에
  양념을 나눠 붓는다.
3 냄비에 깻잎을 넣고 남은 양념을
  부은 후 뚜껑을 덮어
  약한 불에서 5~7분간 익힌다.

②의 볼에 남은 절임장을 붓고
다른 용기로 15분간 눌러둔다.
깻잎을 뒤집은 후 다시 15분간 눌러둔다.

밀폐용기에 넣어 냉장실에서 1일 정도
숙성시킨 후 먹는다.

기름진 요리와 찰떡궁합!
고추 양파장아찌

🕐 20회분
🕐 20~30분 (+ 숙성하기 1일)

- 양파 2개(400g)
- 풋고추 33~37개(350g)
- 청양고추 5~6개(50g)
- 편 썬 생강 3조각

절임장
- 설탕 2/3컵(100g)
- 양조간장 1과 1/2컵(300㎖)
- 식초 1컵(200㎖)
- 소주 1/3컵(약 70㎖)
- 다시마 10×10cm

명랑쌤 비법 1 생강으로 살균하고 풍미 살리기
절임 밑반찬 재료에 편 썬 생강을 넣으면 살균도 되고,
숙성되면서 생기는 잡내도 없애줘 맛이 전체적으로 훨씬 깔끔해져요.

명랑쌤 비법 2 소주로 방부 효과 내기
소주를 절임장에 더하면 방부 효과를 한답니다. 청주보다는 소주의 알코올 도수가 높기에
오래 두고 먹는 절임 밑반찬에는 소주가 적합하지요.

냄비에 절임장 재료를 넣고
중간 불에서 5분간 끓인 후 차게 식힌다.

양파는 한입 크기로 썰고,
풋고추, 청양고추는 1.5cm 두께로 송송 썬다.

모든 재료를 밀폐용기에 넣어 섞는다.
절임장에 재료가 잠기도록 다른 용기로
눌러둔 후 뚜껑을 덮고 실온에서
1일 정도 숙성시킨다.

절임장만 따라내서 다시 끓인 후
차게 식혀서 붓고 냉장 보관해서 먹는다.

미니 새송이버섯장아찌
레시피 94쪽

치자 단무지절임
레시피 95쪽

총각무 간장장아찌
레시피 96쪽

미니 새송이버섯장아찌

◎ 10회분

◔ 20~30분(+ 숙성하기 2일)

- 미니 새송이버섯 500g
  * 동량의 새송이버섯, 느타리버섯으로
  대체해도 돼요.

절임장
- 건고추 1~2개
- 북어채 10줄(또는 황태채, 약 15g)
- 황설탕 1/3컵(또는 설탕, 50g)
- 물 1과 1/2컵(300㎖)
- 양조간장 1과 1/2컵(300㎖)
- 소주 1/4컵(50㎖)
- 식초 1큰술
- 다시마 10×10cm

❚ 명랑쌤 비법 1 버섯은 데친 후 헹구지 않기

버섯에 물기가 많으면 빨리 상해요.
따라서 과정 ②에서 버섯을 데친 후 따로 헹구지 말고 물기를 없애주세요.

명랑쌤 비법 2 보관 기간 늘리기

1주일 후 다시 절임장만 끓여서 차게 식힌 다음 부으면
시큼한 맛이 줄어들고 보관 기간도 3~4개월까지 늘릴 수 있어요.

건고추는 반으로 자른다.
냄비에 절임장 재료를 넣고
센 불에서 끓인 후 차게 식힌다.

끓는 물(7과 1/2컵) + 소금(2큰술)에
미니 새송이버섯을 넣어 센 불에서 2분간
데친 후 체에 밭쳐 식히면서 물기를 없앤다.

밀폐용기에 버섯, 차게 식힌 절임장을
넣고 섞은 후 뚜껑을 덮는다. 바람이 통하는
서늘한 그늘에 2일 정도 숙성시킨다.

절임장만 따라내서 다시 센 불에서
팔팔 끓인다. 차게 식혀서 붓고
냉장 보관해서 먹는다.

tip ─ 다양하게 즐기기
미니 새송이버섯장아찌의 양념을
살짝 없앤 후 잘게 썰어서 다진 파,
들기름, 통깨와 무쳐보세요.
살짝 볶으면 볶음 밑반찬으로도
즐길 수 있답니다.

냉장 2주,
김치냉장고 1개월

시판 단무지와는 비교 불가! 덜 달고 덜 짜서 좋은

치자 단무지절임

🥢 10회분

🕐 15~20분 (+ 무 절이기 10시간,
숙성하기 7일)

- 무 1kg
- 굵은 소금 1/3컵(55g)

절임 양념
- 설탕 4큰술
- 소금 2/3큰술
- 식초 2큰술
- 맛술 1과 3/4컵(350㎖)
- 다시마 10×10cm
- 치자 2조각(생략 가능)
  * 치자나무의 열매를 말린 것으로
    요리에 더하면 천연의 노란색을 내요.
    온라인몰이나 마트에서 구입 가능해요.
    비트로 대체하면 붉은색 절임을
    만들 수 있답니다.

▌ 명랑쌤 비법 알맞게 절여진 무 상태 확인하기
과정 ④에서 무를 잡고 구부렸을 때
부드럽게 휘어지면 잘 절여진 상태예요.

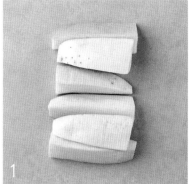

1 무는 길이로 6~8등분한다.

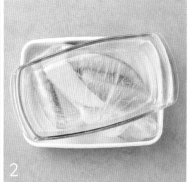

2 굵은 소금, 무를 버무려 위생팩에 넣고
다른 용기로 눌러 10시간 절인다.

3 냄비에 절임 양념 재료를 넣고 약한 불에서
10분간 끓인 후 차게 식힌다.

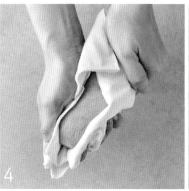

4 ②의 절인 무는 면보로 감싸 물기를 닦는다.

5 무, ③의 절임 양념을 섞은 후 밀폐용기에 담고
무가 잠기도록 다른 용기로 눌러둔 다음
뚜껑을 덮는다. 냉장실에서 7일 정도
숙성시킨 후 먹는다.

향긋한 셀러리와 소리까지 맛있는 총각무가 조화로운

총각무 간장장아찌

◎ 20회분

⏱ 20~30분 (+ 실온 숙성하기 2일,
냉장 숙성하기 7일)

- 총각무 1단(무만 약 1.2kg)
- 셀러리 50cm 3줄기(300g)
- 레몬 1/2개(50g)

절임장
- 편 썬 생강 5조각
- 설탕 1과 1/2컵(225g)
- 양조간장 3컵(600mℓ)
- 식초 1과 1/2컵(300mℓ)
- 물 1과 1/2컵(300mℓ)
- 소주 1/3컵(약 70mℓ)
- 매실청 1컵(200mℓ)

명랑쌤 비법 보관 기간 늘리기
2주 후 절임장만 다시 끓여 차게 식혀서 붓고 김치냉장고에 보관하면
2~3개월 이상 맛이 변하지 않아요.

1 냄비에 절임장 재료를 넣고 센 불에서
팔팔 끓인 후 차게 식힌다.

2 총각무는 잎 부분을 잘라낸 후 무 부분만
0.7cm 두께로 썬다. 셀러리는 1.5cm 두께로
어슷 썬다. 레몬은 모양대로 얇게 썬다.

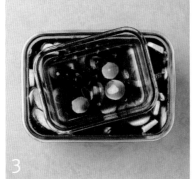

3 밀폐용기에 ①, ②의 재료를 넣고 섞는다.
절임장에 잠기도록 다른 용기로 눌러둔 후
뚜껑을 덮고 실온에서 2일간 숙성시킨다.

4 절임장만 따라내서 다시 센 불에서 팔팔
끓인 후 차게 식혀서 밀폐용기에 붓는다.
냉장실에서 7일간 숙성시킨 후 먹는다.

tip ─ **남은 총각무의 잎 부분 활용하기**
장아찌를 담고 남은 총각무의 잎은
끓는 물에 데쳐서 만능 볶음된장
(150쪽)에 무쳐 먹어요. 데친 후
물기를 꼭 짜서 냉동해뒀다가
국, 찌개 등에 넣어도 좋아요.

밑반찬 만들면서 궁금했던 것들, **명랑쌤에게 물었습니다**

장아찌 맛의 핵심인 절임장에 대한 궁금증과 남은 절임장 활용법에 대해 명랑쌤이 알려드려요.

Q 절임장을 어떤 것은 뜨거울 때,
또 어떤 것은 식혀서 넣더라고요.
그 이유가 궁금해요.
그리고 다시 한번 끓여서
붓는 이유도 알려주세요.

A 절임장은 끓인 후 식힌 것을 붓는 게 일반적이에요.
뜨거운 것을 붓는 경우는 방풍나물처럼 절일 재료에 섬유질이 많아서
질길 때이지요. 중간에 절임장을 다시 끓여서 식힌 후
붓는 것은 미생물의 활동을 억제해 숙성 속도를 늦추기 위함이에요.
김장 김치가 시간이 지나면서 익어가듯이 절임장 속 미생물 역시
점점 번식해 그 정도가 과하면 신 것처럼 맛이 변해요. 따라서 오래
저장해두려면 절임장만 따로 끓여서 식힌 후 다시 부어주세요.

Q 장아찌의 절임장이 많이 남았어요.
이걸로 장아찌를 다시 담가도 될까요?
버리기엔 너무 아까워요.

A 절임장은 정성 들여 끓였다가 식혔다를 반복하며 만들기 때문에
버리기 아까운 심정, 저도 충분히 이해해요.
하지만 장아찌가 숙성되면서 절임장도 발효되기 때문에
새로운 재료를 추가해도 제맛이 나지 않아요. 묵은 김칫소에
새로 절인 배추를 추가하여 무친다고 해서 갓 담근 김치의
상큼한 맛이 나지 않는 것과 같은 이치이지요.

Q 그래도 미련이 남아요.
다른 방법으로 활용할 순 없을까요?

A 부침개를 찍어 먹는 양념장으로 활용해보세요. 발효되면서 더해진
특유의 개운한 맛이 부침개의 기름진 맛을 누그러뜨릴 거예요.
기름, 통깨를 추가하면 샐러드에 곁들이는 오리엔탈 드레싱으로도
즐길 수 있답니다. 식초가 들어간 절임장이라면 가볍게 먹는 초무침
양념으로도 활용할 수 있고요. 단, 나물 무침에 간장 대신 넣으면
신김치처럼 묵은 맛이 나게 되므로 넣지 마세요.

일 년 동안 두고 먹는 꼬들꼬들
오이지

◎ 20회분

⏱ 20~30분 (+ 숙성하기 약 2주)

- 백오이 20개
  (또는 오이지용 오이 30개)
- 천일염 2와 1/2컵(약 425g)
- 물 20컵(4ℓ)
- 올리고당 5컵
  (또는 물엿)

❚ 명랑쌤 비법 올리고당으로 오이지 맛 살리기

과정 ⑤에서 올리고당이 오이지의 물기를 쫙 빼줘 더 꼬들꼬들해져요.
부피도 1/3 정도 줄고요. 올리고당을 붓고 1일 후 아래쪽에 있는 오이지가 더 쪼그라들기 때문에
중간중간에 오이를 2~3회 섞어주세요. 5일 정도 후에 오이는 전부 쪼글쪼글해집니다.

tip – 오이지무침으로 즐기기 (냉장 7일)

> **재료** 오이지 4~5개, 통깨 1큰술, 참기름 1큰술
> **양념** 고춧가루 1과 1/2큰술, 다진 파 1큰술, 올리고당 2/3큰술,
> 다진 마늘 1작은술, 양조간장 1작은술, 식초 1작은술, 매실청 1작은술,
> 소금·후춧가루 약간씩
>
> 1 오이지는 0.5cm 두께로 썰어 생수에 한 번 헹군 후 물기를 꼭 짠다.
> 2 볼에 양념 재료를 섞은 후 오이지, 통깨, 참기름을 넣고 무친다.

오이지냉국으로 즐기기

> **재료** 오이지 1개, 쪽파 2줄기, 청양고추 1개
> **냉국 국물** 생수 1과 1/2컵(300㎖), 매실청 1큰술, 설탕 1작은술, 통깨 1작은술,
> 고춧가루 1/2작은술, 식초 2작은술, 소금 약간(기호에 따라 가감)
>
> 1 오이지는 0.5cm 두께로 썰고 쪽파, 청양고추는 얇게 송송 썬다.
> 2 오이지는 생수에 한 번 헹군다.
> 3 모든 재료를 섞어 냉장실에 20분간 넣어 차게 해서 먹는다.

큰 냄비에 천일염, 물을 넣고
센 불에서 팔팔 끓인다.

오이는 굵은 소금으로 문질러 씻는다.
큰 유리 밀폐용기에 씻은 오이를 차곡차곡
넣고 ①의 뜨거운 소금물을 붓는다.

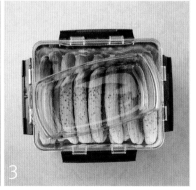

오이가 떠오르지 않도록 다른 용기로 눌러
한 김 식힌 다음 뚜껑을 덮는다. 바람이 통하는
서늘한 실온에서 3~4일 정도 숙성시킨다.

[오이지무침으로 즐기기]

[오이지냉국으로 즐기기]

4

소금물만 따라내서 다시 팔팔 끓여
차게 식힌 후 오이에 붓는다. 바람이 통하는
서늘한 실온에 4~5일 정도 숙성시킨다.

5

오이만 건져내서 물기를 닦는다. 오이를
다른 밀폐용기에 담고 올리고당을 붓는다.
실온에 5일 정도 숙성시킨다.
이때, 중간중간 오이를 2~3회 위아래 섞는다.

6

오이에서 나온 물 1/2 분량을 버리고
다른 반찬통으로 옮겨 냉장 보관해서 먹는다.

냉장 2~3주,
김치냉장고 1~2개월

오이가 제철인 여름에 넉넉히 담가두는

오이 간장장아찌

- 20회분
- 20~30분 (+ 숙성하기 1일)

- 백오이 10개
  (또는 오이지용 오이 15개)
- 청양고추 5개

절임장
- 설탕 1과 1/4컵(약 190g)
- 양조간장 1과 3/4컵(350㎖)
- 생수 3/4컵(150㎖)
- 식초 3/4컵(150㎖)
- 소주 1/4컵(50㎖)
- 매실청 1/2컵(100㎖)
- 소금 1작은술

명랑쌤 비법 1 오이 씨 없애기와 고추에 칼집 넣기

오이의 가운데 씨 부분은 수분이 많아서 장아찌를 담글 때 없애야 해요. 그대로 두면 숙성되면서 물러지거든요. 고추는 칼집을 넣어 절임장이 잘 배도록 하세요.

명랑쌤 비법 2 잘 절여졌는지 확인하기 & 보관 기간 늘리기

과정 ④에서 오이와 고추가 살짝 쪼글거리고 절임장이 배어들었으면 잘 절여진 상태예요. 더 오래 두고 먹으려면 3~4일 후 다시 절임장만 끓여서 차게 식힌 후 부으세요. 1~2개월 냉장실에 두고 먹을 수 있어요.

냄비에 절임장 재료를 넣고
센 불에서 팔팔 끓인 후 차게 식힌다.

오이는 굵은 소금으로 문질러
씻은 후 길이로 2등분한다.
가운데 씨 부분을 V자로 드러낸 후
한입 크기로 썬다.

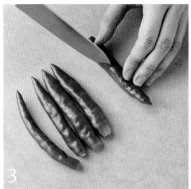

청양고추는 칼집을 3~4회 넣는다.

밀폐용기에 모든 재료를 넣고 섞은 후
오이, 고추가 절임장에 잠기도록
다른 용기로 눌러둔 후 뚜껑을 덮는다.
실온에서 숙성시킨다. *봄, 가을은 5일,
여름은 3일, 겨울은 7일간 숙성시키세요.

절임장만 따라내서 다시 센 불에서
3~4분간 끓인다. 차게 식혀서
밀폐용기에 붓고 냉장 보관해서 먹는다.

봄나물의 풋풋함을 더 오래 즐기는 방법

방풍나물 간장장아찌

◎ 20회분
○ 20~30분 (+ 숙성하기 2일)

- 방풍나물 400g

절임장
- 편 썬 생강 3조각
- 말린 표고버섯 2~3개
- 얇게 썬 레몬 1/2개분(50g)
- 건고추 2개
- 설탕 1과 1/2컵(225g)
- 양조간장 2컵(400㎖)
- 식초 1과 1/2컵(300㎖)
- 물 2컵(400㎖)
- 소주 1/4컵(50㎖)
- 다시마 10×10cm

tip— **다른 재료 활용하기**
곰취, 명이나물, 취나물, 두릅으로
대체해도 돼요.

▮ **명랑쌤 비법 섬유질이 많은 잎채소에는 뜨거운 절임장 붓기**
방풍나물, 명이나물처럼 섬유질이 많은 잎채소에는 뜨거운 절임장을 식히지 않고 바로 부어야
잘 절여져요. 뜨거운 절임장 덕분에 나물이 데쳐져서 미리 데칠 필요도 없지요.

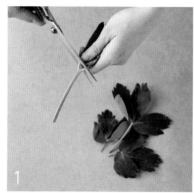

방풍나물은 억센 줄기 부분을 잘라낸다.

방풍나물을 씻어 물기를 살짝 없앤다.

냄비에 절임장 재료를 넣고
약한 불에서 15분간 끓인다.

밀폐용기에 방풍나물을 꾹꾹 눌러 담고
③의 뜨거운 절임장을 붓는다.
방풍나물이 뜨지 않도록 다른 용기로
눌러두고 차게 식힌다.
* 뜨거운 절임장을 부으면 방풍나물은
숨이 죽으니 최대한 눌러 담으세요.

뚜껑을 덮고 바람이 통하는 서늘한 그늘에서
2일간 숙성시킨다. 절임장만 따라내서 다시
끓여 차게 식힌 후 붓고 냉장 보관해서 먹는다.
* 두 번째 절임장은 끓인 후 반드시
차게 식힌 다음 반찬통에 담으세요.

쌉쌀하지만 영양가는 높은

씀바귀 고추장장아찌

◎ 40회분

⏱ 15~20분
  (+ 씀바귀 절이기 1~2시간)

- 씀바귀 500g
  * 동량의 수삼으로 대체해도 돼요.

절임물
- 천일염 1/2컵(85g)
- 생수 5컵(1ℓ)

양념
- 고추장 1과 1/4컵(약 275g)
- 고춧가루 2큰술
- 고추씨 1큰술(생략 가능)
- 설탕 2큰술
- 소주 2큰술
- 양조간장 1/2큰술
- 매실청 2큰술
- 조청 2와 2/3큰술
  (40g, 또는 올리고당, 물엿)
- 황태가루 1작은술
  * 황태가루 정보는
   18쪽을 참고하세요.
- 식초 2작은술

tip — 보관 도중 맛있게 즐기기
   먹을 만큼 덜어서 다진 파, 통깨,
   참기름을 넣고 무치세요.

■ 명랑쌤 비법 1 공기 접촉면을 줄여 맛 오래 유지하기

밀폐용기에 꾹꾹 눌러 담고 윗면을 랩이나 위생팩으로 밀착시킨 후
뚜껑을 덮으면 공기와 접촉하는 면이 줄어들어 맛을 오래 유지할 수 있어요.

명랑쌤 비법 2 소주로 양념 살균하기

양념(또는 절임장)을 끓이지 않을 때는 양념 재료에 소주를 넣어 살균 효과를 내도록 해요.
청주보다 소주의 알코올 도수가 높아서 오래 두고 먹는 절임 밑반찬에는 소주가 적합해요.

1 씀바귀는 찬물에서 비벼가며 씻는다.
절임물에 씀바귀를 담고 1~2시간 절인다.

2 절인 씀바귀를 흐르는 물에 헹군 후
면보로 감싸 물기를 없앤다.

3 볼에 양념 재료를 섞은 후
씀바귀를 넣고 버무린다.

4 ③을 밀폐용기에 공기가 빠지도록 꾹꾹 눌러
담은 후 윗면을 랩이나 위생팩으로 밀착시켜
뚜껑을 덮는다.

볶아 먹어도 별미인 새콤 쌉싸래한 장아찌

더덕 고추장장아찌

- 30회분
- 15~20분 (+ 더덕 절이기 1시간,
  더덕 말리기 3~4시간)

- 손질 더덕 15~20개(500g)
- 천일염(또는 소금) 2와 1/2큰술

양념
- 고추장 1과 1/2컵(약 330g)
- 청주 1/2컵(100㎖)
- 매실청 1/3컵(약 70㎖)
- 올리고당 1컵(200㎖)
- 고춧가루 2큰술
- 국간장 1큰술

명랑쌤 비법 공기 접촉면을 줄여 맛 오래 유지하기

밀폐용기에 꾹꾹 눌러 담고 윗면을 랩이나 위생팩으로 밀착시킨 후
뚜껑을 덮으면 공기와 접촉하는 면이 줄어들어 맛을 오래 유지할 수 있어요.

1 냄비에 양념 재료를 넣고 중간 불에서
2~3분간 전체적으로 거품이 생길 때까지
끓인 후 차게 식힌다.

2 더덕은 0.7cm 두께로 썬 후 2~3등분한다.
천일염과 버무려 1시간 절인다.

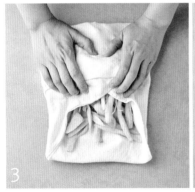

3 차가운 물에 재빨리 헹궈 면보로 감싸 물기를
없앤다. * 씻는 도중 더덕의 영양 성분과
풍미가 빠져나가므로 재빨리 헹구세요.

4 채반에 펼쳐 놓고 끝부분이 구부러지고
만져서 탄력이 느껴질 때까지
서늘한 그늘에서 3~4시간 말린다.

갓 만든 것

2~3주
지난 것

5 말린 더덕을 ①의 양념에 버무려
밀폐용기에 담아 냉장 보관해서 먹는다.

* 냉장 보관 초기에는 더덕이 단단한데
2~3주 지나면 더덕이 수분을 흡수해서
부드러워져요.

tip — **흙더덕 손질하기**

흙더덕은 손질 더덕에 비해 향이 훨씬 진해요.
1 솔로 흙을 깨끗이 털어낸다.
2 더덕을 끓는 물에 넣었다 바로 건져낸다.
3 윗부분은 약간의 독성이 있으니 잘라낸 후
  칼로 돌려가며 껍질을 없앤다.

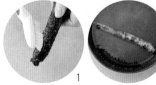

1   2   3

다양하게 즐기기

더덕 고추장장아찌의 양념을 훑어내고 더덕을 납작하게 썰어서 다진 파, 통깨, 참기름과
무치거나 팬에 들기름을 살짝 두른 후 볶으면 색다른 반찬을 맛볼 수 있어요.
남은 장아찌의 양념은 식초를 더해 더덕향 초고추장으로 사용해도 좋아요.

촉촉한 황태가 밥 생각 절로 나게 하는

황태 고추장장아찌

◎ 30회분

◷ 20~30분 (+ 숙성하기 10일)

- 황태채 500g
- 소주 2/3컵(약 140㎖)

양념
- 고춧가루 1/2컵(약 45g)
- 양조간장 1/2컵(100㎖)
- 매실청 1컵(200㎖)
- 올리고당 2/3컵
- 고추장 2와 1/2컵
- 다진 마늘 3큰술
- 다진 생강 1큰술
- 참치액 1큰술

명랑쌤 비법 1 매실청을 넣어 촉촉하게 즐기기
저장 기간이 길어지면 장아찌의 수분이 줄어들게 돼요. 이럴 때는 먹을 때마다
매실청을 약간 넣어 무치면 다시 촉촉해진답니다. 다진 파, 통깨, 참기름을 더해도 맛있어요.

명랑쌤 비법 2 공기 접촉면을 줄여 맛 오래 유지하기
밀폐용기에 꾹꾹 눌러 담고 윗면을 랩이나 위생팩으로 밀착시킨 후
뚜껑을 덮으면 공기와 접촉하는 면이 줄어들어 맛을 오래 유지할 수 있어요.

황태채를 2등분해 위생팩에 넣고
분무기로 소주를 뿌려 20분 이상 둔다.
* 소주를 뿌리면 수분이 더해지고
살균도 돼요.

볼에 양념 재료를 섞는다.

큰 볼에 황태채 → 양념 순으로 넣고
버무린다.

③을 밀폐용기에 공기가 빠지도록 꾹꾹 눌러
담은 후 윗면을 랩이나 위생팩으로 밀착시켜
뚜껑을 덮는다. 냉장실에서 10일 이상
숙성시킨 후 먹는다.

냉장
3~4일

밑반찬부터 샌드위치 속재료까지 다양하게 즐기는 피클
파프리카피클

◷ 3~4회분

🕐 20~30분

- 파프리카 3개(600g)
  * 다양한 색깔을 섞으면 예뻐요.
- 가지 1개(150g)
- 양파 1/2개(100g)

소스
- 설탕 1과 1/3큰술
- 소금 1/2큰술
- 발사믹 식초 1과 1/2큰술
- 식초 2/3큰술
- 홀그레인 머스터드 2/3큰술
- 올리브유 3큰술
- 후춧가루 약간

tip ─ **파프리카 샌드위치로 즐기기**
치아바타나 식빵에 파프리카피클을
끼우거나 바게트에 올려
오픈 샌드위치로 즐겨도 좋아요.

명랑쌤 비법 파프리카에 불 맛 입히기	

파프리카는 볶는 것보다 가스레인지에 직화로
구우면 불 향이 더해져 더욱 맛있어요.
만약 구울 수 없다면 채 썰어서 살짝 볶으면 돼요.

1

파프리카는 겉면이 완전히 검게 타도록
불에 구운 후 키친타월로 감싸 껍질을
벗긴다. * 껍질은 구운 후 뜨거울 때
잘 벗겨져요. 안 벗겨지는 부분은
찬물에 재빨리 헹군 후 벗기세요.

2

파프리카는 1cm 두께로 채 썰고,
가지는 파프리카와 비슷한 크기로 썬다.
양파는 0.5cm 두께로 채 썬다.
볼에 소스 재료를 섞는다.

3

뜨겁게 달군 팬에 가지를 넣고
센 불에서 2분간 뒤집개로 눌러가며
노릇하게 구운 후 덜어둔다.

4

팬을 다시 달궈 양파를 넣고 센 불에서
2분간 뒤집개로 눌러가며 노릇하게 굽듯이
볶는다. * 양파가 물러지지 않게 주의하세요.

5

볼에 파프리카, 가지, 양파,
②의 소스를 넣고 살살 버무린다.

[파프리카 샌드위치로 즐기기]

숙성될 때까지 손꼽아 기다리는 밥도둑의 신흥 강자

간장 절임 새우장

- 10회분
- 30~40분
  (+ 활새우 냉동하기 5~12시간,
  해동하기 5시간, 숙성하기 3일)

명랑쌤 비법 오래 보관하려면 새우와 절임장을 따로!
새우를 절임장에 담가둔 채로 2주 이상 보관하면 짠맛이 너무 강해져요.
따라서 절임장과 새우를 분리해서 냉동 보관(1개월)하고 먹을 때마다
해동한 후 절임장과 새우를 섞으면 처음의 맛을 계속 즐길 수 있어요.

- 활새우 약 35마리(1kg)
- 송송 썬 대파(흰 부분) 20cm분
- 채 썬 양파 1/4개분(50g)
- 송송 썬 청양고추 3개분
- 송송 썬 홍고추 1개분
- 얇게 썬 사과 1/2개분(100g)
- 편 썬 생강 2조각
- 소주 1컵(200㎖, 활새우 해동 및 소독용)

절임장
- 생수 4컵(800㎖)
- 양조간장 3/4컵(150㎖)
- 국간장 1/3컵(약 70㎖)
- 참치액 1/4컵(50㎖)
- 매실청 1/2컵(100㎖)
- 올리고당 1/2컵(100㎖)

tip – **활새우를 냉동시켜 살균하기**
활새우는 살아서 팔딱거리는 새우예요.
가을이 제철이지요. 활새우는 살아 있는
상태로 냉동실에 5시간~12시간 넣어두면
살균이 돼요. 냉장실로 옮겨 5시간 두면
해동이 된답니다.

활새우는 냉동실에 5~12시간 넣었다가
꺼낸다. 물(10컵) + 소주(1컵)에 활새우를
5시간 담가 해동 및 소독한다.

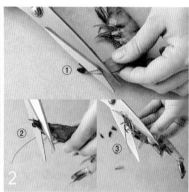

새우는 ① 꼬리 쪽 물주머니,
② 뾰족한 입과 수염, ③ 긴다리를 잘라낸다.

새우는 체에 밭쳐 물기를 없앤다.
다른 볼에 새우를 제외한 모든 재료를 섞는다.

밀폐용기에 새우 → ③의 섞은 재료 순으로
부어 냉장실에서 1일간 숙성시킨다.

절임장만 따라내서 다시 센 불에서 끓여 차게
식힌 후 붓는다. 과정 ④, ⑤를 2일간 각각
1회씩 반복한 후 먹는다. * 건더기가 많아
절임장만 따라내기 어렵다면 체에 밭치세요.

연어부터 절임장까지 모두 넣어 비빔밥으로 먹어도 꿀맛

간장 연어장

3~4회분

20~30분 (+ 숙성하기 5시간)

명랑쌤 비법 베트남 고추로 방부 효과 내기
절임장에 베트남 고추(또는 건고추)를 넣으면 방부 작용을 할 뿐만 아니라
매콤한 향이 은은하게 가미되어 풍미가 좋아져요.

[연어 아보카도비빔밥으로 즐기기]

- 손질 생연어 300g

절임장 ㉠
- 편 썬 생강 2조각
- 베트남 고추(또는 건고추) 5~6개
- 양조간장 2/3컵(약 140㎖)
- 맛술 2/3컵(약 140㎖)
- 물 1/4컵(50㎖)
- 청주 2와 2/3큰술
- 설탕 2작은술
- 다시마 10×10cm

절임장 ㉡
- 채 썬 양파 1/3개분(약 70g)
- 얇게 썬 레몬 1/2개분(50g)
- 송송 썬 청양고추 2개분
- 통깨 2작은술
- 참기름 2작은술

tip — **연어 아보카도비빔밥으로 즐기기**
밥에 간장 연어장의 연어, 아보카도,
채소, 고추냉이 등을 올리고
절임장을 넣어 비비면 돼요.

1 냄비에 절임장 ㉠재료를 넣고
중간 불에서 5분간 끓인 후 차게 식힌다.

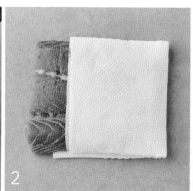

2 생연어는 흐르는 물에 씻은 후
키친타월로 감싸 물기와 기름기를 없앤다.

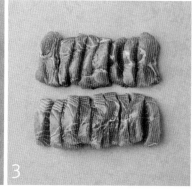

3 연어는 1cm 두께로 썬다.
* 연어를 너무 얇게 썰면 간이 세지므로
두께를 지키세요. 껍질이 있다면 제거하세요.

4 절임장 ㉡재료를 섞는다.

5 밀폐용기에 연어, ㉠, ④를 넣고 섞어
냉장실에서 5시간 정도 숙성시킨 후 먹는다.

냉장
2주

삶아 먹기만 했던 꼬막을 더 오래 더 맛있게!

꼬막장

◎ 10회분

⏱ 30~40분 (+ 숙성하기 5시간)

- 해감한 새꼬막 1kg
  (껍질 제거 후 350g)
- 청주 1/3컵(약 70㎖)
- 레몬 1/2개(50g)
- 양파 1/4개(50g)
- 청양고추 2개
- 홍고추 1개

재움장
- 얇게 썬 사과 1/4개분(50g)
- 양파 1/4개(50g)
- 마늘 5쪽
- 편 썬 생강 1조각
- 건고추 2개
- 물 2와 1/2컵(500㎖)
- 맛술 1/2컵(100㎖)
- 양조간장 1/3컵(약 70㎖)
- 참치액 1/4컵(50㎖)
- 다시마 10×10cm

tip — **꼬막 해감하기**
스테인레스 볼에 물(10컵) +
소금(3큰술), 꼬막을 넣고 검은 비닐로
덮어 2시간 이상 해감하세요.
이때, 쇠숟가락을 함께 넣으면
불순물을 더 빨리 뱉어냅니다.

새꼬막 vs 일반 꼬막
새꼬막은 일반 꼬막보다 살이 통통하고
커서 식감이 일품이에요.

명랑쌤 비법 1 꼬막 잡내 없애고 촉촉하게 삶기
꼬막의 잡내가 청주와 함께 날아가도록 뚜껑을 열고 삶아요.
청주가 없다면 양파, 마늘, 대파 등의 향신 채소를 함께 삶아도 좋아요.

명랑쌤 비법 2 기호에 따라 꼬막 삶기
완전히 익은 꼬막의 식감을 선호하면 꼬막이 반 이상 입을 벌렸을 때
불을 끄고 그대로 10분간 기다리세요.

1 꼬막은 물에 담가 박박 비벼가면서 3~4회 씻은 후 건진다. * 해감이 필요한 꼬막이라면 116쪽을 참고하세요.

2 끓는 물(15컵)에 소금(1큰술) → 꼬막 → 청주 순으로 넣어 한쪽 방향으로 저으며 센 불에서 2분 30초간 끓인다. * 한쪽 방향으로 저으면 살이 한쪽에 치우쳐져서 발라낼 때 편해요.

3 체에 밭쳐 꼬막만 건진다. 꼬막 삶은 물은 그대로 냄비에서 식힌 후 불순물이 가라앉은 아랫물은 두고 윗물만 따라낸다.

4 씻은 냄비에 재움장 재료를 넣고 중약 불에서 7분간 끓인 후 차게 식힌다. 건더기는 건져낸다.

5 레몬은 모양대로 얇게 썰고 양파는 채 썬다. 청양고추, 홍고추는 송송 썬다.

6 꼬막살을 발라낸다. 이때, 입을 벌리지 않은 꼬막은 입 반대쪽에 숟가락을 일(-)자로 끼워 놓고 90°로 돌려 벌린다. 발라낸 살은 체에 담는다.

7 ③의 꼬막 삶은 윗물에 체에 담긴 꼬막살을 넣고 살살 헹군다. * 꼬막 삶은 물에 헹구면 감칠맛이 유지되고 이물질은 없어져요.

8 밀폐용기에 꼬막, 레몬, 양파, 고추를 넣고 ④의 재움장을 부어 냉장실에서 5시간 숙성시킨 후 먹는다.

어리굴젓

🍴 7~8회분

🕐 30~40분 (+ 굴 절이기 2시간)

- 굴 400g
- 소금 4큰술

찹쌀풀
- 찹쌀가루 1과 1/2큰술
- 물 1/2컵(100㎖)

양념
- 채 썬 마늘 5~6쪽
- 고춧가루 4와 1/2큰술
- 채 썬 대파(흰 부분) 1큰술
- 채 썬 생강 1작은술

tip — **신선한 굴 고르기**
5~9월은 굴의 산란기이므로
이 기간의 굴은 피하세요.
어린 굴은 바로 무쳐 먹기엔 좋으나
삭아서 금방 흐물거리므로
중간 크기의 굴을 많이 사용해요.

■ 명랑쌤 비법 찹쌀풀로 입맛 도는 단맛 내기
찹쌀가루의 아미노산 성분은 시간이 지날수록 은은한 단맛을 내면서 어리굴젓을
더 맛있게 만들어요. 설탕은 어리굴젓을 빨리 삭게 하므로 넣지 않는답니다.

생수(5컵), 소금(1과 1/2큰술)이 담긴 볼에
체에 담긴 굴을 넣어 흔들어가며 씻는다.
체에 밭쳐 20분 이상 물기를 뺀다.

냄비에 찹쌀풀 재료를 섞고 약한 불에서
끓어오르면 가장 약한 불로 줄여 저어가며
5분간 끓인 후 차게 식힌다. * 떨어뜨렸을 때
1~2초간 모양이 유지되는 농도예요.

굴, 소금(4큰술)을 버무려
냉장실에서 2시간 정도 절인다.

굴을 체에 밭쳐 10분 이상 물기를 없앤다.

④의 굴, ②의 찹쌀풀, 양념 재료를
살살 섞은 후 바로 먹거나 반찬통에 담아
냉장 보관해서 먹는다.
* 세게 섞으면 굴이 쉽게 상해요.

무침

무침 밑반찬은 물이 생기지 않게 재료를 손질하고 버무려야 해요.
양념의 종류와 순서도 맛에 영향을 줄 수 있으니, 비법 레시피 그대로 만들어 보세요.

명랑쌤이 알려주는 무침 밑반찬 기본 비법

재료의 크기와 모양을 비슷하게 썰어요.

무침은 다양한 재료가 한데 어우러지는 것이 핵심이에요. 그러기 위해서는 재료의 모양과 크기도 비슷해야 합니다.

데친 채소는 찬물에 재빨리 헹구세요.

채소는 열에 약하기 때문에 데친 후 찬물에 바로 헹구지 않으면 변색돼요. 하지만 너무 오래 헹구면 풍미가 빠져나갈 수 있으니 주의하세요.

물기를 최대한 없앤 후 무치세요.

물기가 있으면 양념이 싱거워져 맛이 없어요. 재료에 생긴 물기는 최대한 없앤 후 양념에 무치세요. 그래야 양념이 잘 배고 재료 본연의 맛도 더 느낄 수 있어요.

무침에 따라 어울리는 양념이 달라요.

익힌 채소 무침은 통깨, 참기름 등을 넣어 고소한 맛을 살리고, 생 채소 무침은 식초, 레몬 등을 더해 산뜻한 맛을 내면 좋아요.

재료 상태에 따라 도구 또는 손으로 무치세요.

숙주, 달래처럼 수분이 빠져나오는 재료는 도구로 살살, 무말랭이처럼 양념이 깊숙이 스며들게 해야 하는 재료는 힘을 줘 손으로 꾹꾹 무치세요.

참기름은 맨 마지막에 넣으세요.

참기름을 미리 넣으면 재료에 기름막이 생겨서 양념이 잘 배어들지 않아요. 마지막에 넣어 고소한 향을 더하세요.

냉장 1달

반찬가게 1등 베스트셀러를 뛰어넘는 비법

진미채 고추장무침

🍳 15회분

🕐 15~20분

- 진미채 400g
- 고추기름 2큰술
- 통깨 1큰술
- 참기름 1과 1/2큰술

양념
- 설탕 1큰술
- 고춧가루 1큰술
- 다진 마늘 1큰술
- 양조간장 2큰술
- 청주 1큰술
- 올리고당 4큰술
- 고추장 4큰술
- 다진 생강 1작은술

명랑쌤 비법 1 진미채 잡내 없애기

진미채를 요리하기 전에 먼저 한 번 찜기에 쪄내면 잡내가 날아가요.
게다가 촉촉하고 부드러워져서 냉장 보관 도중에도 그 식감이 유지된답니다.

명랑쌤 비법 2 고추기름으로 코팅해 부드럽게 만들기

진미채를 양념에 무치기 전에 고추기름으로 먼저 버무리면 표면이 코팅돼서 냉장 보관해도
덜 딱딱해져요. 물엿은 냉장 보관 중 진미채를 딱딱하게 만들기 때문에 넣지 않아요.

진미채는 6cm 길이로 자른다.
김이 오른 찜기에 젖은 면보를 깔고
진미채를 넣고 뚜껑을 덮어 3분간 찐다.

한 김 식힌 후 고추기름에 버무린다.

팬에 양념 재료를 넣고 약한 불에서
1~2분간 끓여 거품이 전체적으로 생기면
불을 끄고 약간 따뜻할 때까지 식힌다.

볼에 ②의 진미채와 ③의 양념을 넣고 무친 후
통깨, 참기름을 넣고 섞는다.

냉장
5일

멸치를 볶지 않고 바삭하게 구워 깔끔한 맛

구운 멸치무침

🍳 5회분

🕐 20~30분

- 볶음용 멸치 3컵(약 90g)
- 통깨 1큰술
- 식초 1/4작은술
- 참기름 2작은술

양념
- 다진 파 2큰술
- 맛술 1큰술
- 양조간장 1큰술
- 고춧가루 2작은술
- 설탕 1작은술
- 다진 마늘 1/3작은술
- 올리고당 2작은술

명랑쌤 비법 1 입맛대로 고르는 멸치 조리법

멸치는 밑반찬에서 주로 볶음이나 무침으로 요리해요. 고소한 맛을 선호하면 볶음을, 깔끔한 맛을 선호하면 무침이 좋지요. 두 요리 모두 보관 기간은 비슷합니다. 멸치 역시 살이 씹히는 맛이 좋으면 중멸치를, 작은 것이 좋으면 잔멸치를 고르면 됩니다.

명랑쌤 비법 2 멸치 부서지지 않게 & 바삭하게 굽기

멸치는 기름을 두르지 않은 팬에 넣고 아주 약한 불에서 볶으면 비린내가 없어지고 더 바삭해져요. 이때, 굽는 도중 살살 섞고, 가급적 덜 뒤적여야 부서지지 않는답니다. 접시에 펼쳐 담아 전자레인지에서 1~2분간 데워도 좋아요.

1

볼에 양념 재료를 섞는다.

2

멸치는 머리, 내장을 없앤 후
아주 약한 불에서 7~10분간 부서지지 않게
살살 섞어가며 바삭하게 굽는다.

3

②의 구운 멸치에 ①의 양념을 넣는다.

4

멸치가 부서지지 않도록 살살 무친다.
통깨, 식초, 참기름을 넣어 섞는다.

tip — **양념, 다양하게 활용하기**

멸치 대신 달래를 다져서 넣으면
입맛 돋우는 달래무침장이 돼요.
영양밥이나 곤드레 밥에 곁들이세요.
두부조림, 깻잎찜 양념으로도
활용할 수 있어요.

냉동한 구운 멸치로 조금씩 바로 해 먹기

멸치를 한꺼번에 넉넉히 구워
냉동 보관해두었다가 먹을 때마다
조금씩 무쳐 먹어도 좋아요.

[달래장으로 즐기기]

담백한 맛에 빠져 숟가락으로 막 떠먹게 되는

구운 김무침

⊚ 3회분

🕑 15~20분

- 구운 김 12장(약 25g)
- 통깨 1큰술
- 참기름 1큰술
- 다진 홍고추 1큰술
- 송송 썬 쪽파 1큰술

양념
- 설탕 1과 2/3큰술
- 양조간장 2큰술
- 고추장 1/2큰술

명랑쌤 비법 김에 양념이 골고루 배게 무치는 방법

볼에 양념을 넣고 한 방향으로 여러 번 돌려가며 볼의 안쪽 면에 양념을 묻힌 후 김으로 양념을 닦듯이 무치세요. 훨씬 골고루 양념이 더해진답니다.

1
뜨겁게 달군 팬에 김을 1장씩 넣고
약한 불에서 1~2분간 초록빛이 돌도록
앞뒤로 바삭하게 굽는다.
* 석쇠에 2장씩 겹쳐서 구우면 더 맛있어요.

2
김을 위생팩에 넣어 잘게 부순다.
* 위생팩에 넣어 부수면
김가루가 날리지 않아요.

3
팬에 양념 재료를 넣고 약한 불에서
30초간 끓인 후 볼에 옮겨 차게 식히고
통깨, 참기름을 섞는다. 볼을 한 방향으로
여러 번 돌려서 볼의 안쪽 면에 양념을 묻힌다.

4
③의 볼에 김을 넣고 양념을 닦듯이 무친다.
홍고추, 쪽파를 넣고 섞는다.

냉장 3~4일

입맛 확 돋우는 새콤달콤 겨울 반찬

파래무침

 3~4회분

🕐 30~40분

- 생파래 200g
  (씻어 헹군 후 물기를 꼭 짜면 150g)
- 무 지름 10cm, 두께 1cm(100g)
- 통깨 1큰술
- 참기름 1작은술

절임 양념
- 설탕 2작은술
- 소금 1작은술
- 식초 2작은술

무침 양념
- 설탕 2큰술
- 다진 파 1큰술
- 레몬즙 1큰술
- 식초 1큰술
- 양조간장 1/2큰술
- 멸치액젓 1/2큰술
- 다진 마늘 1/2작은술
- 다진 생강 1/5작은술

▎**명랑쌤 비법** 해초는 레몬즙과 생강으로 살균하기

레몬즙과 생강은 살균·소독 효과가 있어요. 따라서 익히지 않은 해초 요리에 필수 재료이지요. 해초 특유의 비릿한 냄새도 잡고, 상큼한 맛과 향도 더할 수 있으니 일석이조랍니다.

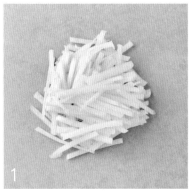

1 무는 두께 0.4cm, 길이 6~7cm 크기로 채 썬다.

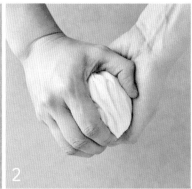

2 무를 절임 양념에 20분간 절인 후 면보로 감싸 물기를 짠다.

3 찬물(4컵) + 소금(1큰술)에 생파래를 넣고 헹군 후 찬물에 2번 정도 더 헹군다.
* 마지막은 생수로 헹구세요.

4 파래는 손으로 감싸 물기를 짠 후 풀어 헤친다.

5 볼에 파래, 절인 무, 무침 양념 재료를 넣고 버무린다. 통깨, 참기름을 넣어 섞는다.

숙주 맛살무침
레시피 133쪽

달래 오이무침
레시피 132쪽

시금치 깨소스무침
레시피 134쪽

냉장
3~4일

바로 먹어도, 양념이 쏙 배게 두었다 먹어도 좋은

달래 오이무침

🔄 3~4회분

🕐 15~20분

- 달래 2줌(100g)
- 오이 1개(200g)
- 깐 밤 5개(또는 오이, 50g)
- 통깨 1과 1/2큰술
- 참기름 1큰술

양념
- 고춧가루 1과 1/2큰술
- 설탕 1큰술
- 다진 파 1큰술
- 양조간장 1큰술
- 참치액 1큰술
- 2배 식초 1큰술
- 매실청 1과 1/2큰술
- 후춧가루 약간

명랑쌤 비법 1 마늘은 생략하기
달래의 알뿌리에는 마늘에 있는 알리신 성분이 다량 함유되어 있어요.
따라서 양념에 마늘을 넣지 않아도 충분히 알싸한 맛을 즐길 수 있답니다.

명랑쌤 비법 2 달래는 살살 무치기
달래는 가늘고 약하기 때문에 씻거나 무칠 때 힘을 빼고 살살 다루세요.
무칠 때는 손 대신 도구를 사용하는 것이 좋아요.

달래는 알뿌리의 껍질을 벗기고
끝에 붙은 검은 것을 떼어낸다.

큰 볼에 넉넉한 물을 넣고 달래를 넣어
살살 흔들어 씻는다.

체에 밭쳐 물기를 없앤다.

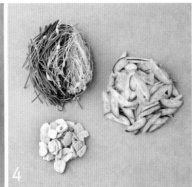

달래는 10cm 길이로 썬다.
오이는 길이로 2등분해서 얇게 어슷 썬다.
밤은 납작하게 편 썬다.

볼에 양념 재료를 섞는다.
④의 재료를 넣고 가볍게 무친다.
통깨, 참기름을 넣고 섞는다.

집에서 만드는 아이들 급식 인기 메뉴

숙주 맛살무침

⊙ 5~6회분

⏱ 15~20분

- 숙주 8줌(400g)
- 오이 1/2개(100g)
- 게맛살 짧은 것 4줄(약 75g)
- 당근 1/7개(30g)

양념
- 설탕 1과 1/2큰술
- 식초 1과 1/2큰술
- 통깨 1큰술
- 소금 1작은술
- 다진 마늘 1작은술
- 참기름 2작은술
- 후춧가루 약간

명랑쌤 비법 숙주는 냉장실에서 재빠르게 식히기

데친 숙주를 넓은 접시에 재빨리 펼친 후 냉장실에서 식히면
온도 차이 덕분에 열기가 재빨리 날아가요.
즉, 수분이 1차적으로 빠지기 때문에 완성 후 냉장 보관 시 수분이 덜 생기지요.

1. 오이는 0.7cm 두께로 채 썰고,
당근은 가늘게 채 썬다.
게맛살은 가늘게 찢는다.

2. 숙주는 끓는 물(10컵)에 넣어 2분간 데친다.

3. 숙주는 체에 밭쳐 물기를 살짝 없앤다.
빠르게 넓은 접시에 펼쳐 냉장실에서 식힌다.

4. 볼에 숙주, ①의 재료, 설탕, 식초를 넣어
살살 버무린 후 나머지 양념 재료를 넣고
섞는다.

시금치 깨소스무침

🍳 2~3회분

🕐 40~50분

- 시금치 1단(300~350g)

절임장
- 맛술 4큰술
- 참치액 1큰술
- 국간장 1작은술
- 다시마 10×10cm
- 물 1과 1/2컵(300㎖)

양념
- 통깨 간 것 6큰술
- 양조간장 1과 1/2큰술
- 설탕 1작은술
- 참기름 1작은술

명랑쌤 비법 1 시금치의 초록색 유지하기

시금치는 소금물에 데치면 초록색이 선명하게 오래 유지돼요. 채소의 초록빛을 띠게 하는 클로로필계 색소는 소금과 만나면 색이 안정화되기 때문이지요.
하지만 데친 후 스테인리스와 만나면 검게 변색되니 유리나 플라스틱 용기에 보관하세요.

명랑쌤 비법 2 감칠맛과 고소함 살리기

시금치를 절임장에 버무린 후 30분간 두면 양념이 쏙 배어 더욱 맛있어요.
통깨 간 것을 팬에 다시 한 번 볶아 넣으면 고소한 풍미가 더해진답니다.

1 냄비에 절임장 재료를 넣고 약한 불에서 2분간 끓인 후 차게 식힌다.

2 시금치는 손질한 다음 끓는 물(5컵) + 굵은 소금(1~2큰술)에 넣고 30초간 데친다. 체로 건져 찬물에 헹군다.

3 물기를 꼭 짠 후 5cm 길이로 썬다.

4 시금치, ①의 절임장을 버무려 30분간 둔 후 시금치의 물기를 살짝 없앤다.
★ 시금치가 촉촉한 정도면 돼요.
남은 물기는 깨가 흡수해요.

5 볼에 ④의 시금치, 양념 재료를 넣고 골고루 무친다.

밑반찬 만들면서 궁금했던 것들, **명랑쌤에게 물었습니다**

밑반찬에 생선이나 고기만 구워 곁들이면 완벽한 밥상이 되지요. 명랑쌤에게 생선과 고기를 완벽하게 굽는 비법을 배워보세요.

Q 생선을 구울 때마다 살이 부스러져요.
문제가 뭐죠?

A 생선의 종류를 불문하고 구울 때는 껍질이 먼저 팬의 바닥에 닿도록
올려 구우세요. 껍질이 생선살을 보호해줘 부서지지 않으면서
탄탄하게 익는 답니다. 보통 뒤집을 때 살이 잘 부서지니 껍질 쪽이
충분히 익었을 때 큰 뒤집개를 사용해서 뒤집으세요.

Q 고등어의 비릿한 냄새가
덜 나게 굽는 명랑쌤의 노하우가
궁금해요.

A 기름을 먼저 달구고 생선을 넣으면 표면이 먼저
익으면서 막이 생겨 비린내가 빠져나가지 않게 돼요.
따라서 불을 켜지 않은 상태에서 팬에
생선 → 기름 순으로 넣은 후 불을 켜세요.

Q 반건조 생선은 특유의 꼬릿한 냄새가
나더라고요. 없애는 방법이 있을까요?

A 굽기 전 쌀뜨물에 담가두면 비린내가 없어져요. 쌀뜨물 입자가
특유의 비린내를 유발하는 성분을 흡착하거든요.
10~15분 정도 담가 두되, 15분을 넘기면 생선살이 부서질 수 있으니
주의하세요. 만약 냉동 생선이라면 20~30분 정도 담가두면 됩니다.
쌀뜨물이 없다면 물과 우유를 2 : 1로 섞어 대체해도 돼요.

Q 불고기나 제육을 구울 때 자꾸 타네요.
무엇이 문제인가요?

A 생고기는 자주 뒤적이며 구우면 맛이 떨어지지만, 양념 고기는
단맛 양념이 많이 들어가기 때문에 계속 뒤적이지 않으면 쉽게 타요.
그렇다고 불세기를 낮추면 풍미가 떨어지고요.
고기가 부서지지 않도록 주걱으로 살살 부지런히 뒤적이며
볶는 것이 최선입니다.

Q 집에서도 고깃집처럼
맛있게 고기를 굽고 싶어요.

A 먼저 팬을 센 불에서 3분간 완전히 뜨겁게 달구세요.
적정 온도는 140℃예요. 이때 고기를 팬 위에 올리면
'치익'하는 소리가 나지요. 한 면이 충분히 구워진 다음 뒤집으세요.
양념하지 않은 고기는 뒤집는 회수가 적을수록 좋답니다.
이국적인 풍미를 더하고 싶다면 고기를 올릴 때 허브를 넣어도 좋아요.

불 맛 가득한 쪽파의 은은한 향이 일품

구운 쪽파 느타리버섯무침

🍽 2~3회분

🕐 20~30분

- 쪽파 흰 부분 150g
- 느타리버섯 3줌(150g)
- 셀러리 25cm(50g)
- 통깨 1큰술
- 참기름 2/3큰술
- 포도씨유 적당량

양념
- 양조간장 1큰술
- 맛술 1큰술
- 매실청 1큰술
- 참치액 1작은술
- 식초 1/2작은술
- 고추냉이 1/2작은술
- 소금 약간
- 후춧가루 약간

명량쌤 비법 보기에도 좋고, 맛도 좋은 버섯 볶기

버섯을 센 불에서 눌러가며 볶으면 겉에 먹음직스러운 갈색이 돌고 특유의 구운 향이 납니다.
재료의 수분도 덜 빠져서 양념과 잘 섞이지요.

느타리버섯은 밑동을 자른 후 먹기 좋게
찢는다. 쪽파는 5cm 길이로 썬다.
셀러리는 얇게 어슷 썬다.

셀러리는 생수에 20분간 담가둔 후
키친타월로 감싸 물기를 없앤다.
* 셀러리 특유의 강한 향이 없어져요.

뜨겁게 달군 팬에 포도씨유를 두르고
쪽파를 넣는다. 센 불에서 3~4분간
구운 색이 나도록 뒤집개로 눌러가며
볶는다. 접시에 펼쳐 식힌다.

팬을 다시 뜨겁게 달궈 포도씨유를 두르고
느타리버섯을 넣는다. 센 불에서 2분간
뒤집개로 눌러가며 볶는다.
접시에 펼쳐 식힌다.

볼에 양념 재료를 섞은 후 모든 재료를 넣고
수분이 빠지지 않도록 살살 버무린다.

냉장 3~4일

구수한 된장 양념에서 느껴지는 푸근한 맛

열무 쪽파 된장무침

◎ 4~5회분
◷ 20~30분

명랑쌤 비법 된장 양념에는 들기름

기호에 따라 참기름을 넣어도 되지만
된장 양념의 구수한 맛은 들기름의 풍미와 특히 잘 어울린답니다.

- 열무 3과 1/2줌(350g)
  * 동량의 얼갈이배추로 대체해도 돼요.
- 쪽파 2줌(100g)
- 홍고추 2개
- 통깨 1과 1/2큰술
- 들기름 1큰술

양념
- 마늘 2쪽
- 고춧가루 1과 1/2큰술
- 매실청 1큰술
- 된장 2큰술
- 설탕 2작은술
- 국간장 1작은술
- 식초 1/4작은술
- 다시마국물 1/4컵(50㎖)
  * 만들기 18쪽

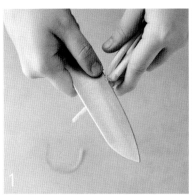

열무의 뿌리와 줄기 사이의 흙은 칼로
살살 긁어 없앤다. * 열무 잎의 끝쪽 부분은
쓴맛이 나므로 3~4cm 정도 떼어내요.

열무, 쪽파는 7~8cm 길이로 자른다.
홍고추는 반으로 갈라 씨를 털어내고
6cm 길이로 채 썬다.
믹서에 양념 재료를 넣고 갈아둔다.

넉넉한 끓는 물 + 소금(1큰술)에 열무를 넣어
2~3분간 데친 후 건져내서 찬물에 담가
헹군다. 물은 계속 끓인다. * 열무를 데칠 때
뿌리 부분은 30초 먼저 넣으세요.

③의 끓는 물에 쪽파를 넣고 1분간 데친 후
찬물에 헹군다.

열무, 쪽파를 면보로 감싸
살살 물기를 짠다.

볼에 열무, 쪽파, 홍고추, ②의 양념을 넣고
버무린다. 통깨, 들기름을 넣어 섞는다.

무말랭이 김무침
레시피 141쪽

도라지 오이무침
레시피 143쪽

마늘종무침
레시피 142쪽

오도독 씹다보면 어느새 밥 한 그릇 뚝딱!

무말랭이 김무침

⏱ 5~6회분

🕐 20~30분

   (+ 무말랭이 절이기 5~6시간)

- 무말랭이 4컵(100g)
- 양조간장 2/3컵(약 140㎖)
- 맛술 1/3컵(약 70㎖)
- 편 썬 생강 1조각
- 조미 김가루 1컵(25g)
    * 조미 김가루는 김자반볶음(32쪽)으로
    대체해도 돼요.
- 통깨 1큰술
- 참기름 1과 1/2큰술

양념
- 고춧가루 3큰술
- 송송 썬 쪽파 2큰술
- 올리고당 2큰술
- 매실청 1큰술
- 다진 마늘 2작은술

명랑쌤 비법 집에서 식품건조기로 무말랭이 만들기

무를 채 썰어 식품건조기를 70℃로 설정해 5시간 먼저 건조하세요.
이후 체에 펼쳐 바람이 통하는 서늘한 그늘에 1~2일 말리면 씹는 맛이 좋은 무말랭이가 돼요.
식품건조기를 쓰지 않고 자연 건조만 하게 되면 무가 건조되지 않고 상할 수 있어요.

1

무말랭이는 미지근한 물에 2~3회 박박
비벼서 씻은 후 찬물에 20분간 담가둔다.

* 무말랭이의 딱딱한 질감만 사라지면 돼요.
물을 너무 많이 흡수하면
씹는 맛이 줄어들고 쉽게 상해요.

2

냄비에 양조간장, 맛술, 편 썬 생강을 넣고
약한 불에서 30초간 끓인 후 차게 식힌다.

3

불린 무말랭이를 면보로 감싸
최대한 물기를 꽉 짠다.

4

무말랭이에 ②를 붓고 5~6시간 정도 절인 후
면보로 감싸 물기를 최대한 꽉 짠다.

5

볼에 양념 재료를 섞은 후
무말랭이, 조미 김가루를 넣고 무친다.
통깨, 참기름을 넣어 섞는다.

냉장
3~4일

아린 맛은 없애고 향긋함은 남긴
마늘종무침

⊘ 3~4회분
⏱ 25~30분

- 마늘종 2줌(200g)
- 통깨 1큰술
- 참기름 2작은술

양념
- 고춧가루 1과 1/2큰술
- 양조간장 1큰술
- 올리고당 1큰술
- 참치액 1작은술
- 식초 1/2작은술

명랑쌤 비법 1 마늘종 맛있게 데치기

마늘종을 씹었을 때 살짝 아삭하거나
구부렸을 때 탄력이 느껴지면 잘 데쳐진 거예요.
굵은 중국산 마늘종은 레시피보다 1~2분 더 데치세요.

명랑쌤 비법 2 데친 마늘종은 재빨리 식히기

과정 ②에서 데친 마늘종을 그대로 두면 남은 열에 의해 더 익게 되면서
식감이 물렁해질 수 있어요. 바로 냉장실에 넣어 재빨리 식히세요.

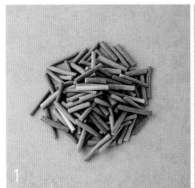

1 마늘종은 4cm 길이로 썬다.

2 마늘종을 끓는 물(5컵) + 소금(1작은술)에
넣고 센 불에서 1~2분간 데친 후 찬물에 헹군다.

3 키친타월을 여러 장 겹쳐서
마늘종을 감싼 후 냉장실에서 식힌다.

4 볼에 양념 재료를 넣고 섞은 후 마늘종을 넣고
무친다. 통깨, 참기름을 넣어 섞는다.

냉장
5일

미세먼지로 칼칼한 목을 진정시키는

도라지 오이무침

🥢 4~5회분

🕐 25~30분 (+ 도라지 절이기 30분)

- 시판 도라지 채 200g
- 오이 1개(200g)
- 쪽파 3줄기
- 통깨 1큰술
- 참기름 1작은술

절임 양념
- 설탕 2큰술
- 식초 2큰술
- 소금 2작은술

무침 양념
- 고춧가루 1과 1/2큰술
- 식초 1큰술
- 올리고당 1과 1/2큰술
- 고추장 1큰술
- 설탕 1작은술
- 다진 마늘 2작은술
- 양조간장 2작은술

tip ─ 흙도라지 손질하기

흙도라지는 손질 도라지에 비해 향이 훨씬 진해요.
1 솔로 흙을 깨끗이 씻는다.
2 윗부분에는 약간의 독성이 있으니
  잘라낸 후 칼로 껍질을 살살 긁어낸다.

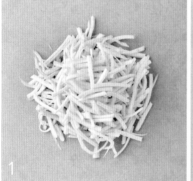

도라지 채는 6cm 길이로 썬다.
* 두꺼운 부분은 길게 2등분하세요.

차가운 생수(5컵) + 소금(1큰술)에
도라지를 20분간 담가둔 후
체에 밭쳐 물기를 없앤다.

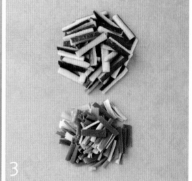

오이는 길이로 4등분해 씨를 없앤 다음
길이 5cm, 두께 1cm 크기로 썬다.
쪽파는 4cm 길이로 썬다.

볼에 절임 양념 재료, 도라지, 오이를 넣고
섞은 후 중간중간 뒤집어가며 30분간 절인다.

④를 면보로 감싸 물기를 최대한 짠다.

볼에 무침 양념 재료를 섞은 후 ⑤를 넣고
무친다. 통깨, 참기름을 넣어 섞는다.

고기 요리에 곁들이면 좋은 개운한 반찬
무생채

🔵 5~6회분

🕐 15~20분 (+ 무 절이기 30분)

- 무 지름 10cm, 두께 6cm(600g)
- 쪽파 약 1/2줌(30g)

절임 양념
- 설탕 3큰술
- 식초 2와 1/2큰술

무침 양념
- 고춧가루 3큰술
- 통깨 1큰술
- 소금 1큰술
- 설탕 1/2큰술
- 다진 마늘 1/2큰술
- 참기름 1큰술
- 다진 생강 1/3작은술
- 양조간장 1작은술
- 식초 1작은술

명랑쌤 비법 양념 넣는 순서 지키기
무를 절인 후 물기를 짠 다음 양념을 더하는 무생채는 양념 넣는 순서를 잘 지키는 것이 중요해요.
설탕, 식초로만 절이고, 소금은 양념에 더하세요.
소금을 절일 때 더하면 물기가 다 빠져나와서 새콤달콤한 맛이 덜 배게 되거든요.

무는 0.5cm 두께로 채 썰고
쪽파는 2~3cm 길이로 썬다.

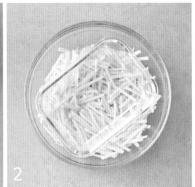

볼에 절임 양념 재료, 무를 넣고 버무려
30분간 절인다.
* 다른 용기를 올려두면 더 잘 절여져요.

②의 무를 면보로 감싸 부서지지 않도록
물기를 짠다.

볼에 무, 쪽파, 무침 양념 재료를 넣고 무친다.

아삭하고 시원해서 더위에 지친 여름에 제격

오이송송이

🍳 10회분

⏱ 50~60분 (+ 오이 절이기 50분,
숙성하기 10시간)

- 백오이 5개(1kg)
- 무 지름 10cm, 두께 3.5cm(350g)
- 양파 1/2개(100g)
- 쪽파 1과 1/2줌(약 70g)
- 소금 2큰술
- 그린스위트 1큰술
- 고춧가루 1/2컵(약 45g)

양념
- 다진 마늘 2큰술
- 다진 생강 2/3큰술
- 멸치액젓 3큰술
- 매실청 2큰술

명랑쌤 비법 그린스위트로 오이 물러지지 않게 절이기

설탕을 더하게 되면 오이를 절이거나 보관시 쉽게 물러질 수 있어서 그린스위트를 사용했어요.
그린스위트는 설탕 대체 감미료로 설탕의 1/5 분량만 넣어도 같은 단맛을 내지요.
온라인몰에서 쉽게 구입할 수 있습니다.

1

오이는 길이로 2등분해서 가운데 씨 부분을
V자로 파낸 후 2cm 두께로 썬다. 무, 양파는
사방 2cm 크기로, 쪽파는 3cm 길이로 썬다.

2

오이, 무, 양파, 소금, 그린스위트를 골고루
섞어 50분간 절인다. * 다른 용기로 눌러두고
중간중간 섞으면 더 잘 절여져요.

3

절인 오이는 헹구지 않고 그대로 체에 밭쳐
20분 정도 물기를 없앤다.
* 살짝 눌렀을 때 탄력이 있고 깨지지 않는
상태가 되도록 해요.

4

오이, 무, 양파, 쪽파, 고춧가루를 버무려
20분간 둔다.

5

양념 재료를 넣어 섞는다. 밀폐용기에 담고
서늘한 실온에서 10시간 정도 숙성시킨 후
냉장 보관해서 먹는다.
* 여름철에는 실온에서 5~6시간만
숙성시킨 후 냉장 보관하세요. 3주 넘게
보관하면 오이가 물러질 수 있으니 주의하세요.

춘곤증을 한방에 날려버리는 상큼한 김치

대저 토마토김치

🌀 15회분

🕐 20~30분 (+ 숙성하기 2~3일)

- 대저 토마토 10~12개
  (짭짤이 토마토 1kg)
- 부추 2줌(100g)
- 쪽파 5줄기
- 무 지름 10cm, 두께 1cm(100g)

찹쌀풀
- 찹쌀가루 1큰술
- 물 1/3컵(약 70㎖)

양념
- 고춧가루 5큰술
- 다진 마늘 2큰술
- 멸치액젓 4큰술
- 배 간 것 3큰술
- 새우젓 2큰술
- 매실청 2큰술
- 다진 생강 2작은술
- 소금 약간(기호에 따라 가감)

tip – **토마토국수로 즐기기**
잘 숙성된 대저 토마토김치를
한입 크기로 썬 후 통깨, 참기름을
넣어 국수에 비벼 먹으면 완성.

대저 토마토
2~3월까지 부산 대저동 부근에서
나오는 단단하고 짭짤한 토마토예요.
단단해서 김치나 장아찌로 담가 먹기에
적합하지요. 김치가 익으면서
먹기 좋게 물러지니 단단하고 초록빛이
도는 것을 고르세요.

명랑쌤 비법 무는 절이지 않고 넣기
채 썬 무를 미리 절여두지 않고 대저 토마토와 함께 버무려요.
그래야 숙성되면서 무에서 물기가 적당히 나와 김치가 먹기 좋을 정도로 촉촉해진답니다.

작은 내열용기에 찹쌀풀 재료를 섞는다.
랩을 씌워 전자레인지에서 1분간 데운 후
골고루 저어준 다음 차게 식힌다.
* 떠먹는 요거트 정도의 농도예요.

큰 볼에 양념 재료, ①의 찹쌀풀을 섞는다.

대저 토마토는 꼭지를 떼고 4~6등분한다.
부추, 쪽파는 5cm 길이로 썰고,
무는 0.5cm 두께로 채 썬다.

②의 볼에 ③의 재료를 넣고 살살 섞는다.
밀폐용기에 넣어 냉장실에서
2~3일 숙성시킨 후 먹는다. * 윗면을 눌러
담아야 양념이 골고루 잘 배어들어요.

명랑쌤의 **만능 양념 6가지 대공개**

쿠킹 클래스 수강생들에게 가장 인기가 많았던 맛보장 명랑쌤표 만능 양념을
소개합니다. 무침, 볶음, 국물 요리 등에 다양하게 활용하세요.

만능 비빔고추장(쫄면장)

만능 볶음 고추장

만능 볶음된장

만능 비빔고추장 (쫄면장)

쫄면

⊙ 20회분 ......

냉장 3개월, 김치냉장고 6개월

- 사과 간 것 + 양파 간 것
  약 1과 1/2컵
- 2배 식초 1/2컵(100㎖)
- 고추장 2컵(440g)
- 꿀 약 1/2컵(110㎖)
- 설탕 4큰술
- 고춧가루 1~2큰술(농도 조절용)
- 소금 1큰술
- 사이다 3큰술
- 레몬즙 1큰술
- 고추냉이 1큰술

1 모든 재료를 섞는다.

2 냉장실에서 1주일간 숙성시킨다.

활용하기
다용도 초고추장으로 두루두루 어울려요.
각종 면요리(쫄면, 냉면, 비빔국수),
각종 해산물(생선 회, 골뱅이, 미역) 무침,
각종 채소(오이, 나물) 무침

만능 볶음고추장

고추장 버섯볶음(46쪽)

⊙ 15~20회분

냉장 1~2개월

㉠
- 다진 쇠고기 60g
- 다진 파 2큰술
- 다진 마늘 1큰술
- 참기름 1큰술
- 다진 생강 1작은술

㉡
- 고추장 약 1컵(200g)
- 배 간 것 1/2컵(약 50g)
- 올리고당 1/3컵
- 물 1/3컵(약 70㎖)
- 청주 1큰술

1 냄비에 ㉠의 재료를 넣고 중간 불에서
  2~3분간 볶는다.

2 쇠고기가 다 익으면 ㉡의 재료를 넣고
  약한 불에서 10분간 조린다.

활용하기
볶음이나 무침 요리의 풍미가 살아나요.
각종 볶음(제육볶음, 어묵볶음), 나물 무침,
비빔밥과 주먹밥의 양념, 쌈장

만능 볶음된장

무청 된장무침

⊙ 10회분

냉장 3주

㉠
- 다진 양파 1/2컵(50g)
- 다진 파 2큰술
- 다진 마늘 1큰술
- 들기름 2큰술

㉡
- 된장 1/2컵
- 통깨 1큰술
- 매실청 1큰술
- 물 3큰술
- 올리고당 2큰술
- 고추장 1큰술
- 고춧가루 1작은술
- 황태가루 2작은술

1 팬에 ㉠의 재료를 넣고
  중간 불에서 3분간 볶는다.

2 ㉡의 재료를 넣고 3분간 볶은 후
  차게 식혀 냉장 보관한다.

활용하기
무침 양념이나 쌈장으로 활용하세요.
각종 채소(가지, 호박, 양배추) 쌈장,
각종 채소와 나물 무침
(열무, 얼갈이배추, 방풍나물, 취나물, 냉이)

만능 데리야끼소스

만능 매운 찌개양념

만능 맛간장

만능 데리야끼소스

연근 곤약 어묵조림(64쪽)

⊚ 600~700㎖ .... 냉장 6개월

- 대파 흰 부분 10cm
- 건고추 2개
- 편 썬 생강 3조각
- 북어채 10조각
- 흑설탕 80g
- 양조간장 1컵(200㎖)
- 맛술 1컵(200㎖)
- 청주 1컵(200㎖)
- 물 1/2컵(100㎖)
- 참치액 2큰술
- 다시마 10×10cm

1 냄비에 모든 재료를 넣고 약한 불에서 10분 이상 끓인 후 차게 식힌다.
2 체에 밭쳐 간장물만 따라낸 후 밀폐용기에 담는다.

활용하기
달콤 짭조름한 구이와 조림에 넣어보세요.
각종 해산물(장어, 삼치, 갈치) 구이와 닭꼬치구이, 각종 조림(어묵, 감자, 우엉)

만능 매운 찌개양념

매운탕

⊚ 10회분 .... 냉장 6개월

- 홍고추 6개(60g)
- 청양고추 2개(20g)
- 양파 1/4개(50g)
- 물 1/2컵(100㎖)
- 고춧가루 약 2/3컵(70g)
- 소금 5큰술(40g)
- 다진 마늘 5큰술
- 다진 생강 2큰술
- 국간장 3큰술
- 참치액 3큰술
- 맛술 3큰술
- 청주 3큰술
- 매운 고추장 4큰술
- 된장 3큰술
- 참기름 1큰술

1 홍고추, 청양고추, 양파를 작게 썬다. 믹서에 물과 함께 넣고 간다.
2 ①에 나머지 재료를 섞어서 실온에서 1~2일간 숙성시킨다.

활용하기
찌개와 탕에 넣어 얼큰하게 즐기세요.
각종 매운탕(생선 매운탕, 알탕, 어묵 매운탕), 각종 찌개(순두부찌개, 돼지고기 두부찌개, 김치찌개)

만능 맛간장

잔멸치 아몬드볶음(26쪽)

⊚ 2.5~3ℓ .... 냉장 1개월

- 대파 흰 부분 20cm
- 마늘 10쪽
- 생강 2조각
- 건표고버섯 2개
- 건고추 2개
- 사과 1개(200g)
- 레몬 1개(100g)
- 설탕 3과 1/3컵(500g)
- 양조간장 10컵(2ℓ)
- 맛술 1컵(200㎖)
- 청주 1컵(200㎖)

1 마늘, 생강은 얇게 편 썬다. 냄비에 모든 재료를 넣고 센 불에서 끓어오르면 아주 약한 불로 줄여 35~40분간 끓인 후 완전히 차게 식힌다.
2 재료를 체에 걸러서 간장물만 따라낸 후 밀폐용기에 담는다.

활용하기
간장이 들어가는 모든 요리에 사용할 수 있어요.
무침, 볶음, 조림, 각종 고기(불고기, 갈비) 양념

154

메뉴를 개발하고 소장가치 높은 요리책을 만듭니다 레시피팩토리

#스테디셀러 #국민요리책 '진짜 기본 시리즈'

친정엄마 밥상에서 막 독립한
요리 왕초보들을 위한 책
〈진짜 기본 요리책〉 완전 개정판

베이킹이 처음이라면?
진짜 쉽~고, 맛있고, 자세한 기본 레시피
〈진짜 기본 베이킹책〉

여행지, 맛집, TV에서 만나 본
다른 나라 요리를 이제 집에서!
〈진짜 기본 세계 요리책〉

간단하지만 맛있게, 든든하게 즐기는 한 그릇

기본 국수부터 맛집 국수까지,
탐나는 국수 레시피 65가지
〈오늘부터 우리 집은 국수 맛집〉

따뜻한 밥 위에
작은 정성을 올려 만든
〈소박한 덮밥〉

어렵게 느껴지는 이탈리아 파스타가 아닌
집에서 즐길 수 있는
〈소박한 파스타〉

요즘 대세는 한 그릇!
식사부터 일품, 간식, 안주까지
〈열 반찬 부럽지 않은 한 그릇 식사〉

스타일리시한 샌드위치, 브런치, 음료까지
**〈샌드위치가 필요한 모든 순간
나만의 브런치가 완성되는 순간〉**

아이 소풍용, 온 가족 도시락용,
냉장고 털이용, 별미 김밥 레시피
〈무궁무진한 김밥의 맛〉

홈페이지 www.recipe-factory.co.kr   **애독자 카페** cafe.naver.com/superecipe   **카카오스토리 · 페이스북** 레시피팩토리everyday

인스타그램 @recipefactory   **네이버포스트** 레시피팩토리   **네이버TV · 유튜브** 레시피팩토리TV

구입 및 문의 1544-7051, 온·오프라인 서점

풍성한 식탁, 다채로운 집밥을 만나고 싶다면

갓 만든 푸짐한 반찬을 원한다면?
친숙한듯 새로운 메뉴 가득!
〈김치만 곁들이면 식사 준비 끝! 일품 반찬〉

120가지 샐러드 & 100가지 드레싱
**〈샐러드가 필요한 모든 순간
나만의 드레싱이 빛나는 순간〉 개정판**

간단하고, 맛있고, 폼 나는 술안주 레시피
**〈술안주가 필요한 모든 순간
나만의 홈파티가 빛나는 순간〉**

나만의 소확행, 홈베이킹 & 홈카페

아이를 위한 건강 간식이 필요하다면?
싱그러운 계절의 맛
〈제철 재료를 가득 담은 사계절 베이킹〉

실패 걱정 없는
홈메이드 저장식
〈병 속에 담긴 사계절〉

아이와 함께 즐기는 홈카페 놀이!
통통 튀는 아이디어가 가득한
〈나만의 시크릿 홈카페〉

가볍고 건강한 식사를 원한다면?

가장 한국적인 채식, 사찰음식.
정확한 레시피로 집에서 맛있게 즐기게 해줄
〈채식이 맛있어지는 우리집 사찰음식〉

혈압과 혈당이 높다면, 뱃살이 걱정이라면
가족력 때문에 주의해야 한다면 강추!
〈대사증후군 잡는 211 식사법〉

아침, 점심, 저녁, 간식, 술안주까지
건강한 아이디어 레시피가 가득
〈에어프라이어로 시작하는 건강 다이어트 요리〉

집밥이 편해지는
명랑쌤 비법
밑반찬

1판 1쇄 펴낸 날	2020년 4월 16일
1판 3쇄 펴낸 날	2020년 5월 18일

편집장	이소민
책임 편집	김현경
메뉴 검증	석슬기
디자인	원유경
사진	박동민(어시스턴트 김진서) · 박형인
스타일링	김주연(u r today, 어시스턴트 송은아 · 정소희)
요리 어시스턴트	강민수 · 윤지유
영업 · 마케팅	송지윤 · 김은하

고문	조준일
펴낸이	박성주

펴낸곳	(주)레시피팩토리
주소	서울특별시 송파구 올림픽로35가길 10(잠실 더샵스타파크) B동 409호
독자센터	1544-7051
팩스	02-534-7019
홈페이지	www.recipe-factory.co.kr
애독자 카페	cafe.naver.com/superecipe
출판신고	2009년 1월 28일 제25100-2009-000038호

제작 · 인쇄	(주)대한프린테크

값 13,800원

ISBN 979-11-85473-59-8